PRÉPARATION

DES

PRODUITS CHIMIQUES

PAR

L'ÉLECTROLYSE

PAR

LE Dr KARL ELBS
PROFESSEUR ET DIRECTEUR
DU LABORATOIRE DE PHYSICOCHIMIE ET DE CHIMIE ORGANIQUE
A L'UNIVERSITÉ DE GIESSEN

TRADUIT DE L'ALLEMAND

PAR

E. LERICHE
ANCIEN ÉLÈVE DE L'ÉCOLE DE PHYSIQUE ET DE CHIMIE DE PARIS
DIRECTEUR DES USINES DU CASTELET

PARIS (VIe)
Vve CH. DUNOD, ÉDITEUR
49, QUAI DES GRANDS-AUGUSTINS, 49
1903

RAN DUVAL

PRÉPARATION
DES
PRODUITS CHIMIQUES
PAR
L'ÉLECTROLYSE

PAR

LE Dr KARL ELBS
PROFESSEUR ET DIRECTEUR
DU LABORATOIRE DE PHYSICOCHIMIE ET DE CHIMIE ORGANIQUE
A L'UNIVERSITÉ DE GIESSEN

TRADUIT DE L'ALLEMAND

PAR

E. LERICHE
ANCIEN ÉLÈVE DE L'ÉCOLE DE PHYSIQUE ET DE CHIMIE DE PARIS
DIRECTEUR DES USINES DU CASTELET

PARIS (VIe)
Vve CH. DUNOD, ÉDITEUR
49, QUAI DES GRANDS-AUGUSTINS, 49

1903

PRÉFACE

En principe, un électrolyseur consiste en un récipient renfermant un électrolyte, dans lequel plongent deux électrodes, reliées : l'une, au pôle positif ; l'autre, au pôle négatif d'une source d'électricité. Dans certains cas, le récipient est divisé en deux parties par une cloison poreuse formant deux compartiments distincts ; les électrodes ne baignent alors généralement pas dans un liquide de même composition. Les électrodes peuvent être constituées par toutes sortes de métaux ou d'alliages. On en fait aussi en charbon ; mais il est nécessaire de faire un choix parmi ces divers matériaux, dans chaque cas particulier. Dans la composition des électrolytes, entre toujours un acide, une base ou un sel.

Voilà, dans toute sa simplicité, l'appareil qui nous permettra de préparer les produits les plus divers. Suivant les circonstances dans lesquelles nous nous placerons, nous obtiendrons, à volonté, soit des produits résultant d'une action oxydante, tels les hypochlorites, l'iodoforme ; soit des produits résultant d'une action réductrice (dérivés azoïques, aniline) ; soit des produits résultant de l'attaque de l'anode (métaux purs, blanc de plomb),... etc., etc., sans parler des alcalis et du chlore que l'électrolyse des chlorures alcalins fournit simultanément.

On conçoit que les chercheurs aient été singulièrement encouragés par les promesses d'une méthode — aussi simple en principe — de préparation d'un aussi grand nombre de composés, et en faveur de laquelle vient encore plaider le prix de revient minime de l'élément essentiel : celui de l'énergie électrique.

Il est évident qu'il faut attendre beaucoup des applications industrielles de l'électrolyse, et, quoique certains procédés ne soient pas encore complètement mis au point, on doit reconnaître que l'électrolyse industrielle occupe déjà une place honorable parmi les méthodes générales de transformation, et elle ne date, en somme, que de la réalisation, relativement récente, du procédé Gall et de Montlaur pour la fabrication des chlorates.

Nous espérons que la traduction du livre du Dr K. Elbs sera bien accueillie de tous ceux qui s'intéressent aux progrès des applications de l'électricité à la chimie.

E. L.

TABLE DES MATIÈRES

GÉNÉRALITÉS

Pages.

1. Sources de courant et conducteurs 1
2. Résistances 3
3. Mesures et appareils de mesure 4
4. Électrolyseurs 10

PARTIE SPÉCIALE

I. — EXEMPLES TIRÉS DE LA CHIMIE MINÉRALE

A) Les anodes sont inattaquables.

1. Oxydation du sulfate de chrome, formation d'acide chromique 17
2. Préparation de l'hypochlorite de sodium 21
3. — du chlorate de potassium 26
4. — du chlorate de sodium 28
5. — du bromate de potassium 29
6. — du bromate de sodium 29
7. — de l'iodate de potassium 30
8. — du perchlorate de potassium 35
9. — du persulfate d'ammonium 37

B) Les anodes sont solubles.

10. Préparation de l'oxydule et de l'oxyde de cuivre 42
11. Transformation du plomb en blanc de plomb 43
12. Préparation du bisulfate de plomb 44
13. Extraction du cuivre du laiton 48

II. — EXEMPLES TIRÉS DE LA CHIMIE ORGANIQUE

A) Électrolyse des acides organiques.

14. Préparation de l'éthane en partant de l'acétate de sodium 55
15. — de l'éthylène en partant du propionate de sodium 57

Pages.

16. Préparation de l'éther méthyltrichloracétique trichloré en partant de l'acide trichloracétique. 58
17. Préparation de l'éther diéthyladipique en partant de l'acide succinique 59

B) Procédés de réduction électrochimiques.

I. — RÉDUCTION DES COMPOSÉS AROMATIQUES NITRÉS

1. Réduction en solution modérément acide. — Préparation des amines

18. Préparation de l'aniline en partant du nitrobenzol. 72

2. Réduction en solution fortement acide. — Préparation des dérivés de l'hydroxylamine

19. Préparation du paraminophénol en partant du nitrobenzol. 74
20. — de l'acide paraminophénolsulfonique 75
21. — de la benzylidènephénylhydroxylamine au moyen du nitrobenzol et de la benzaldéhyde. 76

3. Réduction en solution alcaline. — Préparation des composés et dérivés de la série azoïque et des amines

a) **Azoxycomposés.**

22. Préparation de l'azoxy-*m*-xylol en partant du nitro-*m*-xylol. 79
23. — du *m*-dichlorazoxybenzol en partant du *m*-chloronitrobenzol. 80
24. Préparation du *p*-azoxyanisol en partant du *p*-nitroanisol. 81
25. — de l'azoxybenzol en partant du nitrobenzol. 81

b) **Composés azoïques.**

26. Préparation de l'azobenzol en partant du nitrobenzol. 83
27. — de l'acide *m*-azobenzoïque. 84
28. — du *m*-diaminoazobenzol en partant de la *m*-nitraniline. . 85

c) **Hydrazocomposés et benzidines.**

29. Préparation de l'hydrazobenzol et de la benzidine en partant du nitrobenzol. 88
30. Préparation du *m*-diaminohydrazobenzol et de la *m*-diaminobenzidine en partant de la *m*-nitraniline. 89
31. Préparation de la benzidine *m*-disulfonique en partant de l'acide *m*-nitrobenzolsulfonique 91

d) **Diamines et aminophénols.**

32. Préparation de la *p*-phénylènediamine en partant de la *p*-nitraniline. 94
33. Préparation du *p*-aminophénol en partant du *p*-nitrophénol. 95

II. — RÉDUCTION DES COMPOSÉS DU CARBONYLE

Pages.

34. Préparation de la phényl-*p*-tolylpinacone en partant de la phényl-*p*-tolylcétone 98
35. Préparation du benzhydrol en partant de la benzophénone. 99
36. — de la désoxycaféine en partant de la caféine. 100

C) Procédés d'oxydation électrochimiques.

37. Préparation de l'iodoforme. 102
38. — de l'alcool *p*-nitrobenzylique 103

Annexe. Table des poids atomiques et des équivalents électrochimiques. . 106

Table alphabétique 107

ABRÉVIATIONS

Le signe *, placé à la suite d'une indication bibliographique, indique que l'article dont il s'agit est plus particulièrement intéressant.

A. = *Liebigs Annalen der Chemie;*
B. = *Berichte der Deutschen chemischen Gesellschaft;*
C. = *Chemisches Centralblatt;*
Compt. Rend. = *Comptes Rendus des séances de l'Académie des Sciences;*
Ch. Ztg. = *Chemiker Zeitung;*
J. pr. = *Journal für praktische Chemie;*
Z. ang. Ch. = *Zeitschrift für angewandte Chemie;*
Z. anorg. Ch. = *Zeitschrift für anorganische Chemie;*
Z. Elch. = *Zeitschrift für Elektrochemie;*
Z. ph. Ch. = *Zeitschrift für physikalische Chemie;*

D_A = Densité du courant à l'anode;
D_C = Densité du courant à la catode;
I_A = Intensité du courant en ampères.

NOTA. — On verra souvent revenir les expressions suivantes : « rendement du courant » et « rendement des éléments ».

Par « rendement du courant », il faut entendre le rapport du poids d'un produit formé électrolytiquement au poids du même produit qui aurait dû se former, calculé d'après la quantité d'électricité qui a traversé l'électrolyseur.

Par « rendement des éléments », il faut entendre le rapport du poids d'un produit que l'on peut isoler à l'état pur en suivant la marche indiquée pour sa préparation au poids du même produit qui a été réellement formé pendant l'expérience.

GÉNÉRALITÉS

1. Sources de courants et conducteurs. — Comme source de courant pour les travaux de laboratoire, on emploiera de préférence les accumulateurs. Pour exécuter les expériences décrites dans la partie spéciale de cet ouvrage, il n'est pas nécessaire d'employer des tensions supérieures à 18 volts; 9 éléments seront donc suffisants pour tous les cas, et la plupart du temps il n'en faudra pas plus de 5. On peut n'employer que des courants de 1 à 2 ampères; mais, pour pouvoir travailler vite et sur de plus grandes quantités, il est utile de disposer de 25 ampères. Il faudra établir la batterie d'accumulateurs d'après cette indication.

De la batterie montée en tension partiront des conducteurs aboutissant aux places de travail, de façon à ce qu'on puisse utiliser un nombre variable d'éléments. Ainsi, avec une batterie de 9 éléments et une canalisation à 4 fils, on dispose de six tensions différentes : 4 volts, 6 volts, 8 volts, 10 volts, 14 volts et 18 volts (*fig.* 1). Avec une batterie de 5 éléments et une canalisation à trois fils, on disposerait de trois tensions différentes : 4 volts, 6 volts et 10 volts.

Installée de la sorte, un simple rhéostat suffira pour satisfaire aux exigences des essais et, dans bien des cas, il ne sera pas utile.

Les conducteurs doivent être calculés pour une intensité maxima de 2 ampères par millimètre carré, afin d'éviter une perte sensible de tension.

Les appareils mobiles doivent être reliés aux prises de courant non par des fils de cuivre, mais par des câbles souples en rapport avec l'intensité qu'ils ont à supporter.

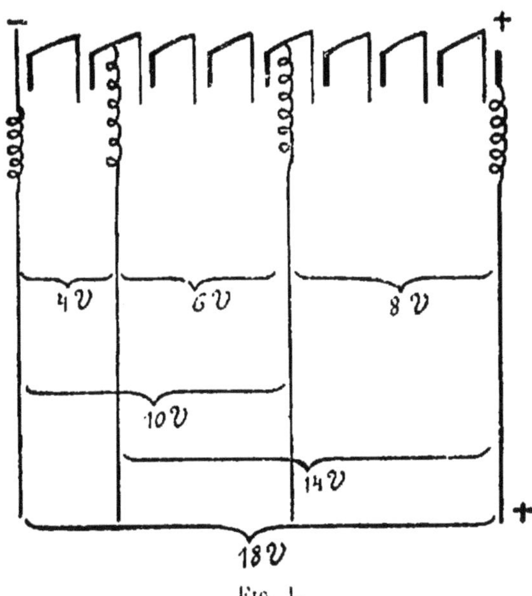

Fig. 1.

Aux extrémités de ceux-ci, on soude à la soudure d'étain de petits bouts de gros fils de cuivre qui facilitent le serrage dans les bornes. Il ne faut pas se servir de conducteurs nus qui peuvent donner lieu à des courts-circuits.

Si la canalisation principale est bien installée, les précautions spéciales pour les expériences isolées sont inutiles.

On peut, dans la plupart des cas, se passer d'interrupteur et de permutateur. Il suffit d'engager purement et simplement les conducteurs dans les bornes pour faire passer le courant.

Les bornes doivent être suffisamment grandes et percées d'un trou d'un assez grand diamètre ; il faut les maintenir très propres. Pour les nettoyer, on les brosse sous un filet d'eau, les sèche et les trempe dans un vase rempli d'huile de paraffine; le peu qui reste adhérent les protège très bien contre l'attaque chimique sans accroître sensiblement la résistance au passage du courant.

Quelques bornes triples sont nécessaires; quand, par exemple, on veut mesurer la tension du bain, il en faut une pour l'anode et l'autre pour la catode. L'un des trous reçoit le conducteur principal, un autre le conducteur de l'électrode, et le troisième un fil de voltmètre.

Si l'on ne se souvient pas de la polarité des conducteurs, on applique leurs extrémités sur un morceau de papier indicateur de pôles humecté d'eau. Il se développe une tache rouge au pôle — [1].

2. Résistances. — Pour le réglage de l'intensité du courant, on emploie des résistances en fil de nickel de $1^{mm},5$ à $1^{mm},75$ de diamètre, qui peuvent supporter de 20 à 25 ampères, comme on peut s'en rendre compte par le tableau ci-dessous.

Fils de nickel

DIAMÈTRE en millimètres	SECTION en mm²	RÉSISTANCE en ohms par mètre de longr	INTENSITÉ ADMISSIBLE en ampères
0,5	0,196	2,00	4
1,0	0,785	0,51	10
1,5	1,767	0,23	23
2,0	3,141	0,13	39

1. *Préparation du papier indicateur de pôles.* — A une solution demi-saturée de chlorure de sodium, on ajoute une très petite quantité de phenolphtaléine dissoute dans l'alcool fort. Dans le mélange bien agité, on trempe des

Si l'on dispose de tensions graduées aux prises de courant, il suffit que la résistance totale du rhéostat soit de 0,5 à 1 ohm ; cette résistance sera obtenue avec 3 à 5 mètres de fil de nickel.

Le modèle ordinaire de rhéostat à manette ne permet de faire varier la résistance que par saccades, et par suite l'intensité, inconvénient qui, à vrai dire, n'a pas une bien grande importance dans la plupart des manipulations, tandis que les résistances à contact glissant permettent de faire varier l'intensité d'une façon continue et de l'amener à une valeur complètement déterminée. Ces dernières sont ainsi applicables dans tous les cas.

Très souvent il est inutile d'employer un rhéostat quand on dispose de tensions graduées, car il suffit, si l'intensité baisse en dessous de la valeur admissible, d'employer un voltage plus élevé et *vice versa*. L'exemple numéro 22 montre une application de ce mode d'opérer.

Pour maintenir les rhéostats en bon état, on les nettoie de temps en temps avec un chiffon imbibé d'huile de paraffine. Les résistances liquides sont inutiles pour les manipulations.

3. Mesures et appareils de mesure. — On aura occasion de mesurer les grandeurs suivantes :

1° L'intensité du courant, au moyen d'un ampèremètre ou d'un voltamètre ;

2° La quantité d'électricité, au moyen d'un ampère-heures-mètre ;

3° La tension du bain et la polarisation, au moyen d'un voltmètre.

1° Pour la mesure de l'intensité, les petits modèles d'am-

feuilles de papier à filtre que l'on fait ensuite sécher. En appliquant sur un morceau de papier ainsi préparé, humecté, les extrémités des conducteurs, la soude caustique qui se forme au pôle — donne la coloration rouge caractéristique de l'action des alcalis sur la phtaléine du phénol.

pèremètres courants suffisent. Il faut éviter de soumettre les appareils de précision aux émanations du laboratoire de chimie ; on ne doit s'en servir que de temps en temps pour contrôler les instruments d'usage courant et déterminer les corrections à apporter à leurs indications. Il n'est pas nécessaire que ces instruments soient très apériodiques, car on a toujours suffisamment de temps pour faire les lectures; mais il est utile que leur résistance soit très faible pour ne pas occasionner une trop forte chute de tension et pour qu'ils ne s'échauffent pas par le passage du courant.

Le voltamètre à gaz tournant et le voltamètre à cuivre ne seront employés que dans des cas particuliers ; le premier, par exemple, dans les essais de réduction électrolytique, où la comparaison constante entre le volume de gaz dégagé dans le voltamètre et le volume de gaz dégagé dans l'appareil de recherches donne à chaque instant un renseignement sur la marche de la réaction.

Le meilleur dispositif de voltamètre à gaz tournant est celui d'Oettel : électrolyse d'une lessive de soude caustique exempte de chlore à environ 15 0/0, entre deux électrodes de nickel. Dans un vase de verre cylindrique sont placées concentriquement deux lames de nickel roulées en cylindres et baignant dans une lessive de soude. Un bouchon de caoutchouc sert de fermeture et laisse passer deux gros fils de nickel faisant office de conducteurs d'un tube de verre pour le départ des gaz ; le mieux est de river les fils de nickel aux électrodes.

L'ampèremanomètre de Brédig et Hahn [1] peut remplacer le voltamètre d'Oettel en enlevant le tube capillaire f (*fig.* 2) et mettant à sa place un tube à gaz. L'intensité moyenne est donnée par la formule :

$$I_A = \frac{v(b-12)}{760(1+0,00366t)\times 10,44s},$$

1. *Z. Elch.*, 7, 259.

dans laquelle I_A représente l'intensité en ampères, v le volume de gaz recueilli, b la hauteur barométrique en millimètres de mercure, t la température en degrés centigrades et z le temps en minutes.

Dans le voltamètre à cuivre, on électrolyse une solution acide de sulfate de cuivre entre des électrodes de cuivre d'au moins 3 millimètres d'épaisseur, suspendues parallèlement dans un vase rectangulaire. Les électrodes sont découpées de façon à présenter une saillie de chaque côté, permettant de les faire reposer sur les bords du vase; on y fixe également les conducteurs; des baguettes de verre intercalées entre les électrodes empêchent les courts-circuits. La plaque du milieu travaille comme catode, les deux autres comme anodes; bien entendu, dans l'essai suivant, on permutera la catode avec l'une des anodes, de façon à ce que toutes les électrodes conservent à peu près la même épaisseur. Les électrodes ne doivent pas descendre à moins de 5 centimètres du fond du vase. La solution suivante, indiquée par Oettel [1], convient particulièrement comme électrolyte :

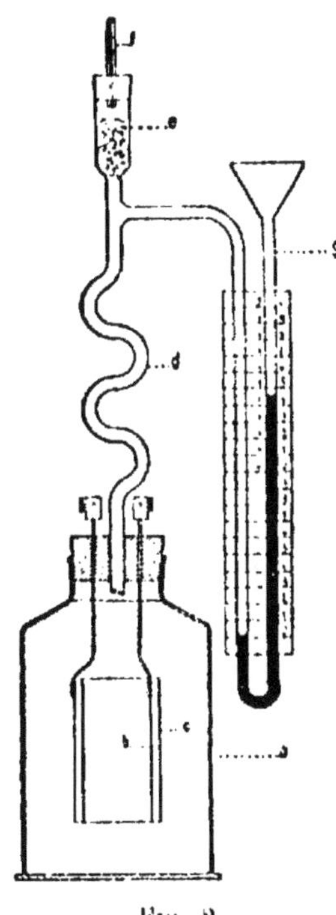

Fig. 2.

Sulfate de cuivre.............	150	grammes
Acide sulfurique................	50	—
Alcool.........................	50	—
Eau....	1.000	—

Lorsqu'un essai doit durer longtemps, il ne suffit pas

1. *Ch. Ztg.*, **17**, 543 (1893).

d'agiter l'électrolyte de temps à autre avec une baguette de verre; un courant d'hydrogène, modéré, remplacera un agitateur continu. A la fin de l'essai, on retire les catodes, qui sont alors lavées à l'eau, puis à l'alcool, et finalement rapidement séchées sur une flamme. Il n'est pas utile de les peser sur une balance de grande précision. L'intensité moyenne est déduite de la formule :

$$I_A = \frac{N}{0,0198z},$$

dans laquelle I_A représente l'intensité en ampères, z la durée de l'essai en minutes et N le poids du cuivre déposé exprimé en grammes.

Cette détermination doit toujours se faire d'après l'augmentation de poids des catodes et non d'après la perte de poids de l'anode qui donnerait des résultats erronés.

En observant les précautions indiquées ci-dessus, le voltamètre à cuivre donne des indications exactes pour des densités de courant de 0,06 à 1,5 ampère par décimètre carré de surface utile de catodes; il peut encore servir avec une densité de courant de 2,5 ampères par décimètre carré, si l'électrolyte est bien agité. La composition de celui-ci varie peu, et il peut servir longtemps.

2° Pour mesurer la quantité d'électricité qui a traversé le bain pendant toute la durée d'une expérience, on peut employer le voltamètre d'Oettel décrit tout à l'heure; il remplacera très bien un ampère-heures-mètre ; on a :

$$Q = \frac{P}{1,184},$$

Q étant la quantité d'électricité en ampère-heures, et P le poids de cuivre déposé en grammes.

Dans les essais qui durent longtemps ou ne peuvent être surveillés continuellement, s'il doit se produire des variations de courant plus ou moins rapides ou irrégulières, il est bon de se servir d'un ampère-heures-mètre qu'on intercale dans le circuit principal. Dans les autres cas, il suffira souvent de noter les indications de l'ampèremètre, qui permettront, connaissant la durée de l'expérience, de calculer la quantité d'électricité.

3° La mesure de la tension du bain et de la polarisation nécessite un bon appareil. Les voltmètres à bas prix ne suffisent généralement pas, parce que leur résistance est trop faible et leur amortissement trop imparfait.

Un voltmètre relié aux électrodes pendant le passage du courant indique la tension du bain ; celle-ci dépend de l'intensité, de la résistance du bain et de la polarisation des électrodes.

Le voltmètre est donc en dérivation et la partie du courant qui traverse le voltmètre ne concourt pas à l'électrolyse. Si la résistance du voltmètre est peu considérable, cette dérivation n'est pas négligeable, et l'on commettrait une erreur sensible en n'en tenant pas compte. Le voltmètre doit donc posséder une grande résistance, 30 à 40 ohms au moins. Il ne faut pas le laisser en circuit, comme l'ampèremètre, pendant toute la durée des essais, mais seulement au moment de faire les lectures.

La polarisation peut être mesurée avec une exactitude suffisante, puisqu'on rompt le courant pendant que le voltmètre est relié aux électrodes. L'aiguille du voltmètre, qui tout à l'heure vient d'indiquer la tension du bain, retourne en arrière, reste un certain temps en un point déterminé — ce point de l'échelle donne la tension de polarisation — et revient plus ou moins vite au zéro.

Les éléments adhérents aux électrodes disparaissent petit à petit lorsque le voltmètre seul est relié aux électrodes par suite du courant de polarisation suivant la loi de Faraday, de sorte qu'en réalité le voltmètre n'indique pas directement la force électromotrice de polarisation, le potentiel des électrodes, mais la tension aux bornes du courant de polarisation. Pour deux raisons différentes, il est nécessaire d'employer un voltmètre résistant et apériodique : le courant de polarisation étant très faible, si la résistance du voltmètre est grande, les indications de cet appareil se rapprocheront davantage de la force électromotrice de polarisation, et un bon amortissement permettra de faire la lecture facilement, la tension aux bornes restant quelques instants constante.

Lorsqu'on connaît la résistance du voltmètre, on peut convertir immédiatement ses indications en ampères, et, en notant à des intervalles rapprochés le temps et l'intensité, on peut, des décharges de polarisation observées de cette manière, tirer parfois de précieuses conclusions sur la nature et la quantité des éléments polarisants.

Tandis que la tension du bain et, la plupart du temps, la polarisation sont faciles à mesurer, la détermination du potentiel individuel de l'anode ci de la catode nécessite des appareils délicats qui ne permettent pas d'effectuer des mesures faciles avec les bains ordinaires. Pour un grand nombre de réactions ayant lieu à une électrode, le potentiel de l'électrode intéressée est assurément considéré au point de vue purement théorique. Sa valeur est souvent modifiée par des détails de peu d'importance; de plus, il est difficile d'atteindre, dans la détermination d'un potentiel d'électrode, des intensités considérables, comme cela est nécessaire dans les préparations, et finalement d'autres influences et conditions d'expériences l'emportent souvent sur l'action d'un potentiel d'électrode parfaitement déterminé.

Toutes choses égales, la densité de courant (intensité en ampères par unité de surface) et le potentiel des électrodes sont étroitement liés l'un à l'autre; s'ils ne sont pas en rapport directement proportionnel, il n'en est pas moins vrai que le potentiel des électrodes augmente en même temps que la densité de courant, et inversement. En général, la connaissance de la densité de courant suffit pour les manipulations, d'autant plus que les réactions qui sont liées à un potentiel d'électrodes étroitement limité ne sont qu'exceptionnellement appliquées. D'ailleurs, l'indication de la densité de courant suffit la plupart du temps pour retrouver des conditions de tensions déterminées. Il est donc indispensable dans toute description d'un essai d'indiquer la densité de courant, et il est très avantageux de ne pas se servir de mesures particulières; il est préférable de connaître la surface des électrodes et l'intensité du courant.

4. Électrolyseurs. — Ils doivent être disposés aussi simplement que possible. La façon d'opérer est indiquée, pour chaque cas particulier, dans le cours du présent ouvrage.

Les cuves d'électrolyse employées dans les laboratoires doivent être de préférence en verre (becherglass ou bacs d'accumulateurs), qui a l'avantage, en outre de sa transparence, d'être isolant et difficilement attaquable.

Il n'est pas nécessaire, lorsqu'une électrolyse doit être effectuée à une température dépassant la température ambiante, de chauffer la cuve électrolytique extérieurement, si l'on a soin d'y introduire des liquides déjà chauds et d'électrolyser avec une forte concentration de courant[1]; la chaleur dégagée par le passage du courant suffit pour atteindre et maintenir la température nécessaire.

Fréquemment, pour favoriser la marche d'une réaction, il est utile que l'électrolyte se renouvelle constamment et rapidement au voisinage des électrodes. Évidemment le but sera atteint en employant un agitateur spécial; mais cet appareil est une cause de complication et, dans la plupart

1. Concentration de Courant $= \frac{\text{Intensité}}{\text{Volume de l'Électrolyte}}$, expression proposée par Tafel, *B*, **33**, 2209 (1900).

des cas, il sera possible de s'en passer, ainsi qu'on peut s'en rendre compte par les moyens ou dispositifs suivants : emploi de toiles métalliques ou de lames perforées comme électrodes; division de l'électrolyte en couches minces; agitation de la solution au moyen d'un courant gazeux ou d'un jet de vapeur; échauffement d'un seul côté de la cuve; création de densités différentes en différents endroits, ... etc.

La question des électrodes vient au premier plan; le résultat d'une électrolyse dépend surtout du choix et de la constitution de celles-ci.

Les électrodes de platine, à cause de leur prix élevé, et les électrodes de mercure, qui sont incommodes, ne doivent être employées que lorsque cela est nécessaire.

Comme catodes, on n'a que l'embarras du choix, car presque tous les métaux lourds communs peuvent constituer des catodes sensiblement inattaquables en solutions neutres, faiblement acides ou faiblement alcalines; parfois même un métal qui serait attaqué par un liquide déterminé est protégé pendant le passage du courant. En solutions fortement acides, on peut employer le cuivre et souvent le nickel et le plomb; dans les solutions fortement alcalines, on emploiera le cuivre, le fer ou le nickel.

Par contre, on ne peut employer comme anodes inattaquables que le platine (platine iridié), le charbon, le plomb, le nickel et le fer. On peut employer le platine dans toutes sortes d'électrolytes acides et alcalins; il est même à peine attaqué par le chlore libre (1). Le charbon ne convient qu'en solutions acides ou neutres et lorsqu'il ne se dégage pas d'oxygène à l'anode; sans quoi, le meilleur charbon de cornue est vite désagrégé. Le plomb est applicable dans tous les cas où il se recouvre d'une couche de peroxyde de plomb, comme cela a lieu dans l'acide sulfurique de den-

1. Il s'agit évidemment du platine iridié, car le platine pur est sensiblement attaqué. (E. L.)

sité 1,6, dans l'acide phosphorique de concentration quelconque; de plus, dans les solutions de sulfates, phosphates, carbonates et chromates, mais avec ces dernières en toute sécurité seulement si elles renferment en même temps un sulfate. Les anodes de nickel sont inattaquables dans les alcalis et les carbonates alcalins (en l'absence d'ammoniaque). Le fer n'est pas toujours convenable, car il peut se former un ferrite ou un ferrate; cependant il n'est pas attaqué dans l'acide sulfurique d'une densité supérieure à 1,7, ni dans l'acide nitrique d'une densité supérieure à 1,3.

En dehors des cas où il est nécessaire de se servir d'une forte densité de courant, on choisira des électrodes aussi grandes que possible pour diminuer la résistance du bain. Soit dit en passant que, dans les essais de laboratoire, la tension aux bornes d'un électrolyseur dépend souvent bien plus de la résistance du bain que de la polarisation, et que dans les petits appareils l'énergie électrique est gaspillée. Mais les observations sont plus faciles en travaillant sur de petites quantités.

Par principe, on devra consommer le moins d'énergie électrique possible; on évitera donc les fortes densités de courant et, lorsque, dans une recherche, on a le choix entre plusieurs sortes de concentrations d'électrolytes, on choisira celle qui a la plus faible résistance.

Chaque fois qu'il y a avantage à ce que l'électrolyte se renouvelle rapidement au voisinage des électrodes, celles-ci doivent être formées de lames perforées ou de toiles métalliques.

Malheureusement, des électrodes qui ne seraient pas attaquées chimiquement finissent, principalement avec les fortes densités de courant, par être détruites par suite d'une désagrégation. Ce phénomène a pour résultat de rendre parfois peu avantageux l'emploi de toiles de platine ou de feuilles très minces qui seraient économiques, mais qui deviennent souvent cassantes après un court usage.

Pour amener le courant aux électrodes de platine, on soude à celles-ci des fils de platine de longueur et de diamètre suffisants (un fil de platine de $0^{mm^2},5$ de section peut supporter au plus 1,5 ampère, et un fil de 1 millimètre carré de section peut supporter 2,5 ampères) et, pour éviter que ceux-ci ne soient écrasés par serrage dans les bornes, on soude à leur extrémité un fil de cuivre. Pour les électrodes

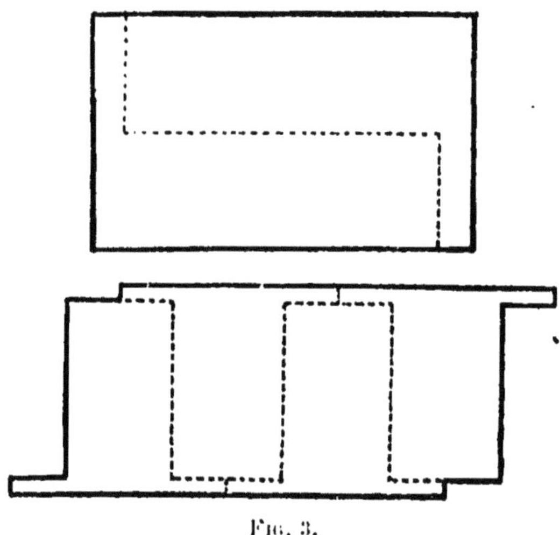

Fig. 3.

de charbon, on peut se servir de pinces, comme cela a lieu dans les éléments de piles, ou bien on cuivre leur extrémité supérieure, ce qui permet d'y souder une bande de cuivre.

Les électrodes des métaux lourds usuels sont découpées de telle façon qu'elles présentent des appendices qui pourront recevoir les prises de courant ou des fils de cuivre soudés; les appendices doivent être assez longs pour préserver les contacts de l'influence de l'électrolyte; si l'on emploie comme électrodes des toiles métalliques, il faut avoir soin d'y souder les fils de cuivre amenant le courant sur une grande surface.

La figure 3 indique le moyen de découper les électrodes dans une lame avec le moins de déchet possible.

Les anodes de plomb sur lesquelles s'est déposé un enduit adhérent de peroxyde mélangé de sulfate, phosphate, carbonate ou chromate, perdent leur conductibilité ; on y remédie en les plongeant quelques instants dans de l'acide nitrique dilué, auquel on a ajouté un peu d'une solution de nitrite de sodium et les lavant ensuite vigoureusement sous un jet d'eau.

Dans les essais qui exigent un potentiel de catode déterminé élevé, comme par exemple la réduction de la caféine, il faut éviter absolument la présence de métaux électro-positifs. On y arrive, pour les catodes de plomb, par un artifice qui est décrit dans la partie spéciale à propos de la réduction électrolytique des composés du carbonyle.

Lorsque rien de particulier n'est mentionné, les surfaces d'électrodes indiquées se rapportent toujours à une seule face ; il en est de même des toiles métalliques et des lames perforées. Cela est justifié, car les électrodes ne travaillent pour ainsi dire que d'un seul côté.

Fréquemment, il est nécessaire de chauffer ou de refroidir le bain ; un moyen très pratique pour y arriver consiste à employer comme électrodes des tubes métalliques qui peuvent être alors employés soit comme serpentins réfrigérants, soit comme serpentins réchauffants.

La plupart du temps, il est nécessaire de séparer par un diaphragme poreux les liquides anodique et catodique. Tous les diaphragmes qui ont été imaginés jusqu'à ce jour sont encore imparfaits ; aussi doit-on considérer comme un grand avantage pour un procédé de ne pas exiger de diaphragme.

En solutions modérément acides, on peut employer comme diaphragmes les vessies d'animaux ou le papier parchemin ; les vases poreux qu'on trouve dans le commerce dans toutes formes et dimensions sont plus durables, mais de qualité variable. Avec les liquides fortement acides, on ne peut employer que les vases poreux ; avec les liquides alcalins, on ne peut employer que les vases poreux ou les tissus de coton. A l'occasion, on peut employer dans les laboratoires l'asbeste conjointement avec le tissu de coton ou le papier parchemin.

Pour maintenir les vases poreux en bon état, il faut bien

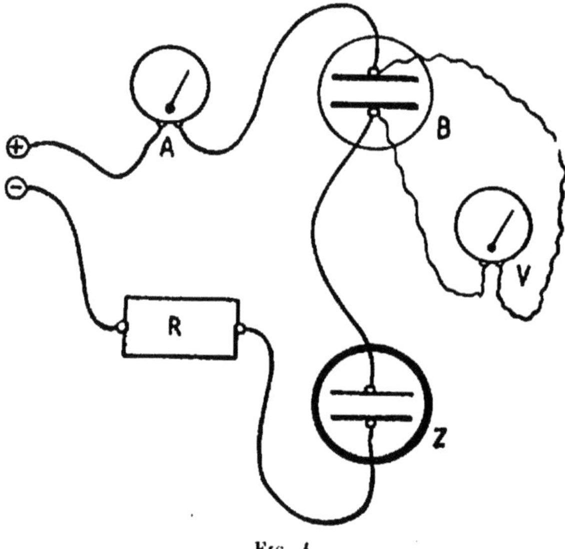

Fig. 1.

les laver après chaque essai et les conserver sous l'eau dans un grand récipient. L'eau doit être renouvelée de temps en temps.

Le tissu de coton destiné à servir de diaphragme doit être choisi gros et solide; il est d'abord lavé à fond, puis, encore mouillé, on le tend sur une plaque de verre ou une planche et l'imbibe avec une lessive de soude caustique de densité 1,23. Lorsque, au bout de dix à vingt minutes, le tissu a pris une texture rappelant celle du cuir, on le lave à l'eau sans le détendre. Le moyen de conservation est le même que pour les vases poreux.

La figure 4 montre le dispositif complet d'une expérience à partir des prises de courant.

A est l'ampèremètre; *B*, l'électrolyseur; *V*, le voltmètre; *Z*, le compteur de quantité d'électricité, et *R*, le rhéostat.

Très souvent, on peut se passer du rhéostat et du compteur, quelquefois aussi du voltmètre, mais jamais de l'ampèremètre, si simple que soit l'essai que l'on a en vue, et quand bien même un voltamètre serait intercalé dans le circuit, car cet appareil ne renseigne que sur l'intensité moyenne pendant un temps déterminé, mais ne donne pas d'indications relativement à l'intensité instantanée et ne met pas en relief les variations du courant.

APPLICATIONS

I

EXEMPLES TIRÉS DE LA CHIMIE MINÉRALE

A. — ANODES INSOLUBLES

1. Formation d'acide chromique par oxydation du sulfate de chrome :

BIBLIOGRAPHIE. — Fabrique de couleurs, anciennement Meister Lucius et Brünig, brevet allemand n° 103860 (1898)*. — *Z. Elch.*, **6**, 256. — *Z. ang. Ch.*, 1899, 525. — F. Regelsberger, *Z. ang. Ch.*, 1899, 1123*.

Un becherglass ou un récipient cylindrique en plomb renferme un vase poreux dans lequel une plaque de plomb sert de catode. Extérieurement au vase poreux est l'anode formée d'un grand cylindre de plomb perforé. L'électrolyte, qui est le même dans les deux compartiments, est composé de la manière suivante : 200 grammes d'alun de chrome $KCr(SO^4)^2,12H^2O$ sont dissous dans l'eau chaude ; à la solution on ajoute 150 centimètres cubes de SO^4H^2 concentré, puis de l'eau pour compléter à 1.000 centimètres cubes. Cette solution est versée encore chaude dans l'électrolyseur, qui est lui-même introduit dans une terrine pleine d'eau chaude. On électrolyse avec une densité de courant à l'anode $D_A = 2$ à 3 ampères par décimètre carré à une température de

40 à 60°. Le rendement du courant dépasse pendant quelque temps 90 0/0 du rendement théorique, mais s'abaisse rapidement dès qu'une fraction notable du sel de chrome est oxydée.

L'anode se recouvre d'une couche de peroxyde de plomb avant le commencement de l'oxydation régulière du sel de chrome. Au début, le dégagement d'oxygène est très faible, mais il augmente au fur et à mesure que la solution s'appauvrit en sel de chrome et s'enrichit en acide chromique.

La réaction a lieu suivant l'équation ci-dessous :

$$(SO^4)^3Cr^2 + \underbrace{3SO^4}_{\text{ions sulfuriques}} + 6H^2O = 2CrO^3 + 6SO^4H^2.$$

L'hydrogène se dégage à la catode presque quantitativement, car, en liquide acide, les ions H se déchargent plus facilement que les ions Cr^{+++} et la décharge partielle des ions Cr^{+++} en ions Cr^{++} (réduction du sel chromique en sel chromeux) ne se fait pas facilement. On constate cependant un léger déficit d'hydrogène, sans qu'il y ait pour cela formation d'un sel chromeux; mais cela s'explique par la facilité avec laquelle les sels chromeux se transforment en sels chromiques sous l'influence de l'oxygène de l'air.

Il est difficile de séparer l'acide chromique formé de la solution sous forme de chromate; aussi, pour déterminer le rendement et suivre la marche de la réaction, on prélève de temps en temps un échantillon, après avoir bien agité l'électrolyte. Le chromate formé est titré au moyen du sulfate double de fer et d'ammoniaque, et du permanganate qui sert à déterminer l'excès de sel de fer ajouté. Le virage est suffisamment net à la lumière du jour, malgré la couleur verte prononcée de la solution. Afin d'éviter de commettre une erreur sensible par suite de la diminution du volume de l'électrolyte résultant des prises d'échantillon, il est bon de travailler sur au moins 500 centimètres cubes de solution dans le compartiment anodique. On interrompt l'essai dès que le rendement commence à faiblir fortement.

A titre d'exemple, nous donnons la description d'une expérience avec tableau et graphique.

Anode : Cylindre de plomb de 30 × 10 = 300 centimètres carrés.
Catode : Lame de plomb de 6 × 10 = 60 centimètres carrés.
Électrolyte : La solution de sel de chrome indiquée plus haut.
Anolyte : 1.200 centimètres cubes.
I = 6 ampères, maintenue constante par un rhéostat.
Durée de l'expérience : de 2 heures à 6 heures = 4 heures.
t = 52°.
1 ampère-heure fournit théoriquement 1gr,25 CrO^3.

L'anode employée est bien décapée ; pour cette raison, le courant est employé au début à produire sur celle-ci une couche de peroxyde de plomb, ce qui se manifeste par une baisse de rendement pendant la première demi-heure.

Tableau I

TEMPS	TOTAL des ampères-heures	CrO^3 obtenu en grammes	AUGMENTATION trouvée du CrO^3 en grammes	AUGMENTATION calculée du CrO^3 en grammes	RENDEMENT du courant 0/0 du rendement théorique	REMARQUES
2h						Dégagement d'oxygène
2 ,30	3	2,8	2,8	3,75	74,6	faible
3	6	6,2	3,4	3,75	90,6	tr. faible
3 ,30	9	9,6	3,6	3,75	96,0	»
4	12	13,2	3,6	3,75	96,0	»
4 ,30	15	16,7	3,5	3,75	93,3	»
5	18	19,9	3,2	3,75	85,3	modéré
5 ,30	21	22,2	2,3	3,75	61.3	»
6	24	23,0	0,8	3,75	21,3	fort

Le rendement moyen des 4 heures s'élève à 76,7 0/0. Voir (*fig.* 5) le graphique correspondant à cet essai.

La préparation électrolytique de l'acide chromique au

moyen des sels de chrome a une grande importance technique.

Dans l'industrie des matières colorantes, on emploie entre autres, pour la fabrication de l'anthraquinone par oxydation

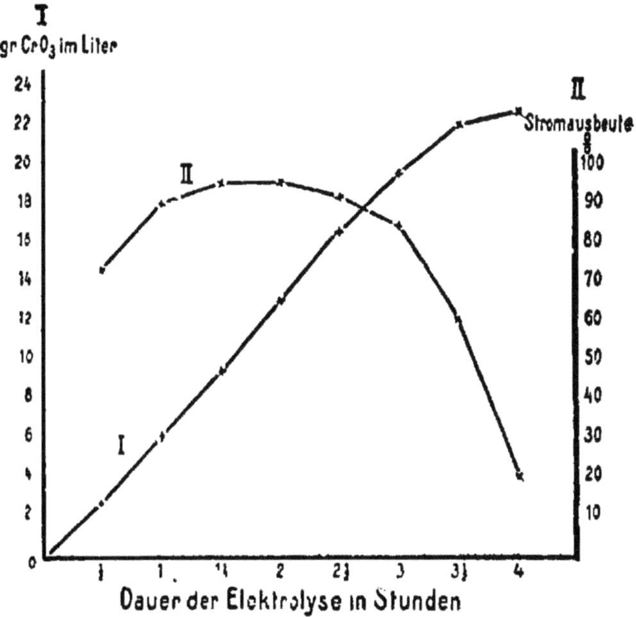

FIG. 5.

gr CrO³ im Liter = grs CrO³ par litre.
Stromausbeute = Rendement du courant;
Dauer der Elektrolyse in Stunden = Durée de l'électrolyse en heures.

de l'anthracène, un mélange de bichromate de potassium ou de sodium et d'acide sulfurique.

$$C^6H^4 \langle {CH \atop CH} \rangle C^6H^4 + 3O = C^6H^4 \langle {CO \atop CO} \rangle C^6H^4 + H^2O.$$

Le mélange oxydant épuisé est formé d'une solution aqueuse de sulfate de potassium ou de sodium, sulfate de chrome et acide sulfurique qui est régénéré électrolytiquement; cette même solution passe successivement du compartiment catodique au compartiment anodique. Pendant le passage du courant, il se forme de l'acide chromique à l'anode, tandis que de l'hydrogène se dégage à la catode; en outre, il se produit un déplacement de concentration de l'acide sulfurique; cette concentration augmente à l'anode et diminue à la catode.

La lessive oxydée peut être employée telle quelle à la fabrication et repasse de nouveau à l'état de solution de sel de chrome; elle est introduite alors dans le compartiment catodique, tandis que le liquide qui le remplissait passe au compartiment anodique.

Le liquide catodique est, au commencement de la deuxième opération, plus riche en acide sulfurique que le liquide anodique; mais l'équilibre se rétablit par le passage du courant. On arrive ainsi à ne produire nulle part d'accumulation d'acide sulfurique et à pouvoir employer le même liquide sans variation de composition et sans pertes comme excellent agent d'oxydation.

2. Préparation de l'hypochlorite de sodium :

Bibliographie (1). — F. Oettel, *Z. Elch.*, **1**, 69-356-358*. — *Ch. Ztg.*, **18**, 69 (1894). — H. Bischoff et Foerster, *Z. Elch.*, **4**, 464 *bis*-470. — A. Sieverts, *Z. Elch.*, **6**, 364-370*, 374, 378*. — P. Schoop, *Z. Elch.*, 209, 227-231. — Hermite, *Z. Elch.*, **2**, 68, 88, 107, 289 (2). — Brevet allemand n° 30790 et autres postérieurs. — Haas et Oettel, brevets allemands n°s 101296 et 114739. — Haas, brevet allemand n° 103034. — Stelzer, brevet allemand n° 111574. — K. Kellner, brevet allemand n° 104443. — F. Gebauer, brevet allemand n° 80617. — F. Oettel, *Z. Elch.*, 315-320, 449-451. — V. Engelhardt, *Z. Elch.*, **7**, 390-396.

L'électrolyseur est constitué par un récipient en verre refroidi extérieurement dans un bain d'eau fraiche. Les

1. Voir également : Brochet, *Revue de Physique et de Chimie et de leurs applications industrielles*, 4e année, p. 433 ; — *id.*, p. 531 ; — *id.*, 5e année, p. 15 ; — et du même auteur, le fascicule *Electrochimie et Electrométallurgie de l'Electricité à l'Exposition de* 1900 (Dunod, éd.).

2. Voir A.-A. Lambert : *la Désinfection par l'électricité ; étude sur le procédé Hermite* (*Bulletin Soc. chimique*, 3e série, t. XI, p. 650).

électrodes sont des lames de platine suspendues verticalement, l'anode, d'un côté, à la partie supérieure de l'électrolyte, la catode, de l'autre, à la partie inférieure. Le dégagement d'hydrogène prenant naissance à la catode est ainsi utilisé à produire un mouvement du liquide qui agit favorablement. On se sert comme électrolyte d'une solution de sel marin renfermant 3 molécules-grammes = 175 grammes par litre. — $D_A = D_c = 15$ ampères par décimètre carré.

Au début, le rendement dépasse 90 0/0, mais descend graduellement jusqu'au-dessous de 30 0/0; avec un rendement passable, on peut produire des solutions d'une teneur de 14 grammes $NaOCl$ par litre.

Une faible densité de courant à la catode affaiblit le rendement; il en est de même, mais à un degré moindre, à l'anode. Le rendement baisse considérablement dès que la température dépasse 25°.

Le rendement augmente sensiblement par l'addition de 0,1 0/0 de chlorure de calcium à la solution de sel marin; mais les chromates alcalins à la dose de 0,5 0/0 sont encore plus efficaces et permettent en même temps d'atteindre des teneurs beaucoup plus élevées en hypochlorite.

La marche de l'électrolyse est contrôlée soit par titrage, soit par l'analyse des gaz dégagés. Dans le premier cas, on prend des échantillons toutes les demi-heures et détermine la teneur en hypochlorite iodométriquement. L'électrolyte renferme encore, comme produit supérieur d'oxydation, le chlorate; cependant celui-ci ne prend naissance que dans certaines circonstances; il n'y a pas à s'en préoccuper tant que l'électrolyte est froid et que sa teneur en hypochlorite est peu élevée.

En vue de l'analyse des gaz, on ferme l'électrolyseur au moyen d'un bouchon de caoutchouc traversé par un tube de verre; les gaz dégagés sont recueillis à intervalles réguliers. Ils sont formés d'hydrogène et oxygène avec des traces négligeables de chlore et d'acide hypochloreux. (Pour la pipette à employer, voir Hempel, *Analyse des gaz*, 2e éd., p. 124.)

Comme on connaît, d'après l'intensité du courant et le temps écoulé, la quantité d'électricité, ou mieux encore et directement la quantité de gaz tonnant dégagée dans un voltamètre intercalé dans le circuit, il est facile d'en déduire les quantités correspondantes d'hydrogène et d'oxygène.

La différence entre la quantité d'hydrogène calculée et celle réellement libérée pendant l'électrolyse a été employée à la réduction, créant ainsi une perte de rendement. L'oxygène trouvé a été dégagé en pure perte, au lieu d'avoir concouru à la formation d'hypochlorite. Des exemples classiques pour ces procédés d'analyse des gaz se trouvent dans le travail de F. Oettel, *Études sur la formation des sels de l'acide hypochloreux et de l'acide chlorique* (*Z. Elch.*, 1, 354-358).

Les réactions qui se passent dans le cours de l'électrolyse s'expliquent assez simplement. A l'anode, les ions chlore Cl se condensent en chlore libre Cl^2, qui se dissout dans le liquide. Les ions Na libérés à la catode[1] réagissent sur l'eau :

$$Na + H^2O = NaOH + H.$$

L'hydrogène se dégage; la soude caustique et le chlore dissous réagissent l'un sur l'autre pour former de l'hypochlorite :

$$2NaOH + Cl^2 = NaOCl + NaCl + H^2O.$$

Dès que l'hypochlorite est présent en quantité notable, il subit une réduction au voisinage de la catode :

$$NaOCl + 2H = NaCl + H^2O.$$

1. Nous écrirons catode et non cathode, la première façon d'orthographier étant la plus rationnelle, ainsi que l'a fait justement remarquer Hollard dans son traité *la Théorie des ions et l'Electrolyse.*

Comme l'hydrogène n'agit sur l'hypochlorite de sodium qu'à l'état naissant, mais non pas à l'état d'hydrogène moléculaire gazeux, il en résulte que cette réduction est favorisée par une faible densité de courant, car il y a plus de chances pour qu'il y ait contact intime entre les ions H libérés et l'hypochlorite, s'ils sont répartis sur une grande surface, que s'ils se présentent sur une surface restreinte, ce qui facilite le dégagement gazeux.

Pour cette raison, il faut employer une forte densité de courant à la catode. On comprend également que le rendement doit décroître au fur et à mesure de l'enrichissement de la solution en hypochlorite, car la réduction est facilitée.

A l'anode, il ne se dégage presque aucun gaz au commencement, si la densité de courant est faible; peu à peu, le dégagement d'oxygène va en croissant. Ce phénomène se produit faiblement avec les densités de courant élevées. Cela provient de ce que l'hypochlorite participe à l'électrolyse au fur et à mesure que sa teneur augmente; à côté des ions *Cl* se forment des ions *OCl* qui réagissent sur l'eau, comme la plupart des restes acides, pour former de nouveau l'acide avec dégagement d'oxygène :

$$2OCl + H^2O = 2ClOH + O.$$

Ainsi, pour obtenir un bon rendement en hypochlorite, il faut employer de hautes densités de courant, à l'anode comme à la catode.

La difficulté pour obtenir des solutions concentrees d'hypochlorite réside principalement dans l'action réductrice de la catode; mais on réalise une amélioration sensible par l'emploi d'un artifice qui remplace indirectement l'usage d'un diaphragme. Il parait évident que la réduction cessera si la catode est entourée d'une mince couche d'électrolyte en repos, car celle-ci protégera la solution d'hypochlorite contre l'action réductrice des ions H qui se dégageront sous forme d'hydrogène gazeux.

On y arrive jusqu'à un certain point en ajoutant à l'électrolyte une très petite quantité de chlorure de calcium, qui donne lieu à un léger dépôt d'hydrate de chaux sur la catode; ce dépôt est, il est vrai, peu adhérent et se détache par places sous l'influence du dégagement d'hydrogène; mais il se reproduit constamment.

Le chlorure de calcium est avantageusement remplacé par un chromate neutre alcalin dont l'action est bien plus active. Il se forme alors sur la catode un dépôt mince et bien adhérent d'hydrate d'oxyde de chrome (en solution alcaline) ou de chromate d'oxyde de chrome (en solution faiblement acide), qui entrave au plus haut degré l'action réductrice à la catode. L'emploi d'un chromate réalise ainsi un procédé d'électrolyse avec diaphragme idéal (E. Muller, *Z. Elch.*, 7, 398-405).

Il est nécessaire de maintenir l'électrolyte à une basse température, car l'hypochlorite se transforme d'autant plus rapidement en chlorate que la température est plus élevée; de plus, la réduction catodique croît également avec la température.

Le chlorure de potassium et le chlorure de baryum peuvent être transformés en hypochlorites en opérant de même que pour le chlorure de sodium; mais il n'en est pas de même des chlorures de calcium et de magnésium, ce qui tient surtout au peu de solubilité des hydroxydes correspondants.

La fabrication des solutions d'hypochlorite de sodium a une importance technique considérable, car ces solutions peuvent remplacer avantageusement le chlorure de chaux dans le blanchiment des fibres végétales, pour lequel il suffit d'employer des solutions étendues; le plus souvent, on se sert de solutions renfermant de 1 à 5 grammes de chlore actif par litre, rarement de 10 à 12 grammes.

Il est très important de remarquer que les liquides de blanchiment électrolytiques agissent beaucoup plus vite et plus fortement que les produits obtenus par voie purement chimique d'une égale teneur en hypochlorite. Cela tient à ce que, dans les liquides de blanchiment obtenus par voie électrolytique et ne renfermant, par conséquent, pas d'alcali en excès, existe une certaine proportion d'acide hypochloreux libre.

Dans la fabrication des liquides de blanchiment, on ne peut employer l'artifice consistant à introduire une petite quantité de chlorure de calcium ou d'un chromate à l'électrolyte; le premier moyen n'est pas très efficace et augmente sensiblement la résistance du bain; quant au chromate, sa forte coloration jaune en interdit l'usage.

CHLORATES, BROMATES ET IODATES

Bibliographie. — F. Oettel, *Z. Elch.*, **1**, 474-480*; **5**, 1-5. — F. Foerster, *Z. Elch.*, **6**, 253-256. — *J. pr.*, **59**, 244; **63**, 141-166. — F. Foerster, E. Müller et Jorre, *Z. Elch.*, **6**, 11-22*. — E. Müller, *Z. Elch.*, **5**, 469-473*; **7**, 515. — F. Foerster et H. Bischoff, *Z. Elch.*, 464-470. — F. Foerster et H. Sonneborn, *Z. Elch.*, 597-604. — F. Foerster et Jorre, *Z. anorg. Ch.*, **23**, 158-219. — Haeussermann et Naschold, *Ch. Ztg.*, 857 (1894). — W. Waubel, *Ch. Ztg.*, **22**, 331 (1898). — F. Haber et Gründberg, *Z. anorg. Ch.*, **16**, 198, 329, 438. — H. Wohlwill, *Z. Elch.*, **5**, 61-76; **6**, 227-230. — Pauli, *Z. Elch.*, **3**, 474-478. — J. Sarghel, *Z. Elch.*, **6**, 149-158. — R. Lorenz et A. Wehrlin, *Z. Elch.*, **6**, 387-392, 408-410, 419-428, 437-441, 445-452. — N. Lewin, *Z. Elch.*, **6**, 464-466. — F. Winteler, *Z. Elch.*, **7**, 361. — Elektrizitäts-Aktien-gesellschaft, vorm. Schuckert et Cie, Brevet allemand nos 83536 et 89844. — Kellner, Brevet allemand no 90060. — P. Imhof, Brevet allemand no 110420.

3. Chlorate de potassium en partant du chlorure :

Électrolyte : 100 grammes KCl, 1 gramme K^2CO^3, 1 gramme $Cr^2O^7K^2$ dissous dans 250 grammes d'eau chaude.

Anode : toile ou lame de platine.
Catode : lame de platine, ou, quoique cela soit moins avantageux, de nickel ou de cuivre.
D_A : 20 ampères par décimètre carré.
D_C : peut varier, mais doit être plus grande que D_A.
Ecartement des électrodes, environ 1 centimètre.

Le bain doit être maintenu à une température de 40 à 60° ; un courant lent d'acide carbonique, tout en agitant l'électrolyte, maintient sa réaction légèrement acide. Il faut faire passer au moins 60 ampères-heures, car un ampère-heure ne fournit que 0gr,75 de ClO^3K. Si, pendant l'électrolyse, le chlorate de potassium commence à se séparer, il suffit de laisser refroidir la solution pour obtenir une abondante cristallisation de ce sel, qu'on obtient pur par une seule recristallisation.

En concentrant l'eau mère à la moitié de son volume, on obtient après refroidissement une seconde cristallisation de chlorate un peu moins pur.

Le rendement du courant atteint 70 0/0 environ du rendement théorique ; il décroît sensiblement dès que la moitié du KCl est transformée en ClO^3K.

Pratiquement, ce rendement pourrait être calculé d'après la quantité de chlorate obtenu sous forme de cristaux ; mais cela ne serait pas absolument exact, car on négligerait ce qui reste dans l'eau mère.

Pour déterminer la quantité de chlorate restant en solution (en même temps qu'une trace d'hypochlorite ayant résisté à la concentration), on réduit un volume mesuré de l'eau mère avec du sulfate ferreux et de l'acide sulfurique à l'ébullition, et l'excès de sulfate ferreux est titré par le permanganate de potassium après addition de sulfate de manganèse.

Le tableau ci-dessous fait ressortir l'efficacité de la séparation du KCl et du ClO^3K par cristallisation.

Solubilité du ClO^3K dans les solutions de KCl à 20° centigrades

GRAMMES de KCl par litre	GRAMMES de ClO^3K par litre	POIDS SPÉCIFIQUE
0	71,1	1,050
10	58,0	1,050
50	36,5	1,058
100	27,0	1,086
150	21,5	1,113
200	20,0	1,140
250	20,0	1,168

4. Chlorate de sodium en partant du chlorure :

Électrolyte : 80 grammes $NaCl$, 2 grammes CO^3Na^2 cristallisé, 1 gramme bichromate de sodium dissous dans 250 grammes d'eau.

Même mode opératoire qu'au numéro 3.

Rendement du courant : plus de 70 0/0. L'électrolyte est concentré à très petit volume ; pendant la concentration, le $NaCl$ se dépose. Par refroidissement de la solution claire décantée, le ClO^3Na cristallise, souillé par $NaCl$ et CrO^4Na^2. Il est impossible d'obtenir le ClO^3Na pur en opérant sur de petites quantités, à cause de sa grande solubilité. Rendement des éléments, environ 70 0/0.

Solubilité du ClO^3Na dans les solutions de $NaCl$ à 20° centigrades

GRAMMES de $NaCl$ par litre	GRAMMES de ClO^3Na par litre	POIDS SPÉCIFIQUE
10	661	1,424
50	599	1,414
100	522	1,398
150	442	1,379
200	338	1,345
250	197	1,289
300	55	1,217

5. Bromate de potassium en partant du bromure :

Électrolyte : 25 grammes KBr, 0gr,2 CrO^4K^2 dissous dans 100 centimètres cubes d'eau.
Anode : lame ou toile de platine.
Catode : feuille de platine ou de nickel.
$D_A = D_C$ = 10 à 12 ampères par décimètre carré.

On chauffe le bain à 35-45° et fait passer au moins 25 ampère-heures; la solution est réduite au volume de 40 centimètres cubes, par évaporation, et est abandonnée au refroidissement pour cristalliser.

Le rendement du courant dépasse 90 0/0, celui des éléments 70 0/0 de la théorie.

A 0°	100 parties d'eau dissolvent	3,1	parties de BrO^3K.
20°	— —	7,0	—
60°	— —	22,8	—
100°	— —	49,8	—

6. Bromate de sodium en partant du bromure :

Électrolyte : 40 grammes $NaBr$; 0gr,2 CrO^4Na^2; 100 centimètres cubes d'eau.
Même mode opératoire que pour le bromate de potassium.

Le rendement du courant dépasse 90 0/0. Après avoir fait passer au moins 50 ampère-heures, on concentre par évaporation l'électrolyte pour réduire son volume à environ 40 centimètres cubes; il cristallise par refroidissement. Mêmes difficultés pour obtenir le sel pur que dans la préparation du chlorate de sodium. Rendement des éléments : 60 à 70 0/0.

A 0°	100 parties d'eau dissolvent	27,5	parties de BrO^3Na.
20°	— —	34,5	—
60°	— —	62,5	—
100°	— —	90,9	—

7. Iodate de potassium en partant de l'iodure :

Électrolyte : 25 grammes KI; 1 gramme KOH; 0gr,2 CrO^4K^2; 100 centimètres cubes d'eau.
Même mode opératoire que pour la préparation du bromate de potassium.

Rendement du courant : plus de 90 0/0 du rendement théorique. Rendement des éléments : plus de 80 0/0.

A 0°,	100 parties d'eau dissolvent....		4gr,7	KIO^3.
20°	—	—	8 ,1	—
60°	—	—	18 ,5	—
100°	—	—	32 ,2	—

L'iodate de sodium en partant de l'iodure se prépare de la même manière que l'iodate de potassium. Les rendements sont sensiblement les mêmes.

A 0°,	100 parties d'eau dissolvent....		2gr,5	$NaIO^3$.
20°	—	—	9 ,1	—
60°	—	—	20 ,9	—
100°	—	—	33 ,9	—

La formation électrolytique des chlorates au moyen des chlorures en solutions neutres ou très faiblement acides peut s'expliquer dans ses grandes lignes, mais certains points ne sont pas encore éclaircis. Le premier degré de l'oxydation est toujours l'hypochlorite (Voir n° 2). Au voisinage de l'anode, l'électrolyte a une réaction acide par suite de la présence d'acide hypochloreux; celui-ci oxyde le chlorure aussi bien que l'hypochlorite et les transforme en chlorate :

$$2HOCl + KOCl = ClO^3K + 2HCl$$ (réaction principale);

$$3HOCl + KCl = ClO^3K + 3HCl$$

ou aussi

$$6HOCl + KCl = ClO^3K + 3H^2O + 3Cl^2$$

(réactions secondaires).

L'hypochlorite, assez stable en solution alcaline, est

ainsi transformé, en solution neutre et encore plus en solution faiblement acide (présence de bicarbonates ou d'acide carbonique libre), en chlorate, par l'acide hypochloreux libre ; lentement, il est vrai, à la température ordinaire, mais rapidement vers 50 ou 60°.

C'est pourquoi il est nécessaire de refroidir le bain dans la préparation des hypochlorites et de le chauffer pour préparer les chlorates. Il est à noter également que les chlorates sont transformés, à l'anode, en perchlorates, à basse température.

En solutions à peu près neutres, les hypochlorites sont fortement réduits, à la catode ; les chlorates le sont très peu. Comme les chlorates prennent naissance des hypochlorites primitivement engendrés, il est nécessaire d'empêcher le plus possible la réduction catodique (addition d'un chromate alcalin). D'autre part, sous l'influence de la chaleur, l'hypochlorite est rapidement transformé en chlorate, de sorte que la concentration de l'hypochlorite est constamment très faible ; à cause de cela, et par l'emploi de hautes densités de courant, la réduction catodique est limitée. Il en résulte que, sans artifice particulier, on peut obtenir un assez bon rendement en chlorates.

Au fur et à mesure que la solution s'appauvrit en chlorure et s'enrichit en chlorate, celui-ci participe à l'électrolyse et donne lieu à un dégagement d'oxygène à l'anode :

$$2ClO^3 + H^2O = 2ClO^3H + O.$$

Cependant, cette réaction ne se produit que secondairement.

L'hypochlorite, ainsi qu'on l'a vu plus haut, se comporte de même :

$$2ClO + H^2O = 2ClOH + O.$$

Or l'hypochlorite étant toujours présent comme produit intermédiaire dans la préparation des chlorates, on ne peut éviter une certaine perte de courant sous forme de dégagement d'oxygène à l'anode.

L'oxydation directe du chlore ou de l'acide hypochloreux en acide chlorique n'a lieu que secondairement.

En résumé, les conditions de production électrolytique des chlorates sont les suivantes :

1° Suppression de la réduction catodique en employant une très forte densité de courant ou encore mieux par addition d'un chromate alcalin ;

2° Maintenir une très faible acidité de la solution par insufflation de CO^2 pour favoriser la formation de $ClOH$ libre ;

3° Emploi d'un volume de solution en rapport avec l'intensité du courant et agitation de l'électrolyte, afin que les réactions accessoires aient le temps de se produire ;

4° Opérer à une température d'au moins 40°, d'abord pour accélérer les réactions accessoires, ensuite pour éviter la formation de perchlorate et enfin pour diminuer la tension aux bornes de l'électrolyseur.

Les courbes, données ci-dessous, de deux expériences de Foerster peuvent servir à faire saisir les phénomènes qui se passent conjointement.

Électrolyte : 500 centimètres cubes d'une solution renfermant 30 grammes $NaCl$ dans 100 centimètres cubes.
Intensité du courant : 4,5 ampères.
Densités du courant : à l'anode, 7,5 ampères ; à la catode, 18,5 ampères par décimètre carré.

Les temps exprimés en heures sont portés en abscisses ; les ordonnées représentent les quantités d'oxygène actif, exprimées en décigrammes, correspondant aux quantités trouvées d'hypochlorite et de chlorate, ainsi que le pourcentage de l'énergie du courant consommé par la réduction catodique et le dégagement d'oxygène.

Solution neutre de *NaCl* à 10/18° centigrades.

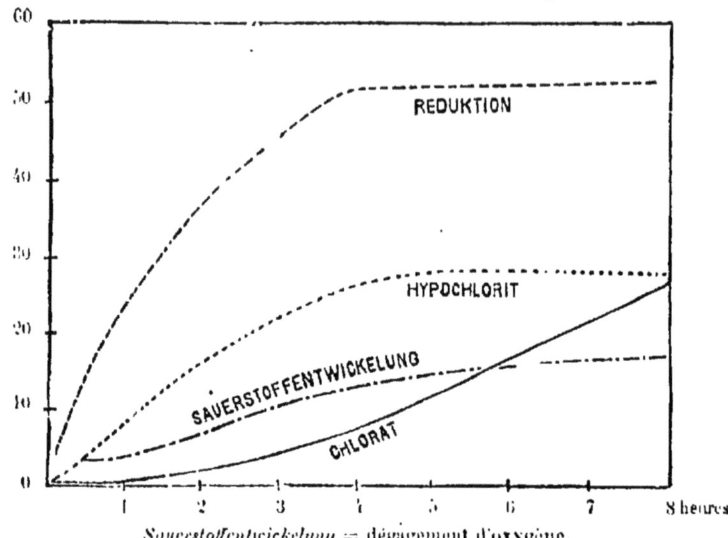

Sauerstoffentwickelung = dégagement d'oxygène.

Solution neutre de *NaCl* à 50° centigrades.

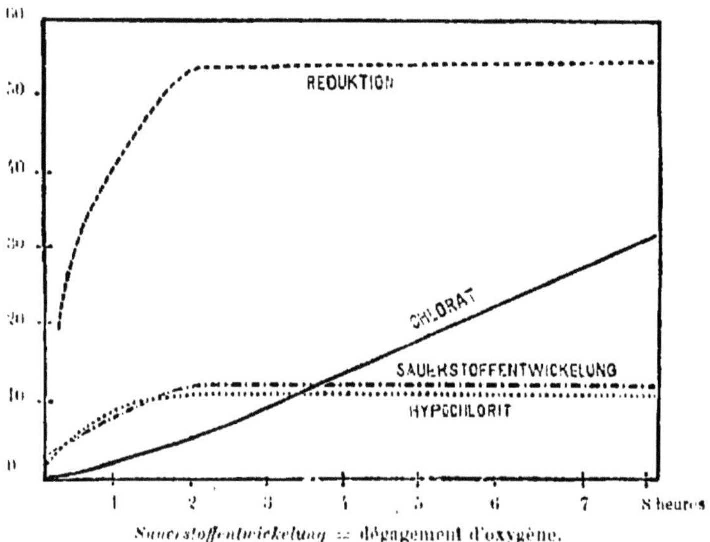

Sauerstoffentwickelung = dégagement d'oxygène.

Fig. 6.

Ces résultats sont applicables dans leurs grandes lignes aussi bien à la préparation des bromates et iodates qu'à celle des chlorates. La principale différence réside dans l'impossibilité d'obtenir un résultat satisfaisant sans addition de chromate. En effet, non seulement les hypobromites et hypoiodites sont réduits avec la plus grande facilité, mais les bromates et les iodates sont également très sensibles à la réduction catodique, ce qui n'est pas le cas chez les chlorates.

La transformation des hypobromites et hypoiodites en bromates et iodates a lieu déjà rapidement à la température ambiante; il n'y a guère à craindre la formation de perbromates et pas du tout celle des periodates. C'est pourquoi il est inutile de chauffer artificiellement l'électrolyte: il ne faut même pas dépasser la température de 50°; autrement la réduction deviendrait sensible.

Le procédé électrolytique de préparation des chlorates a pris une telle importance dans le cours des dernières années que la méthode de préparation par la voie purement chimique a été abandonnée [1]. Sans doute le procédé électrolytique nécessite une grande quantité d'énergie, puisque, pour produire 1 kilogramme de ClO^3K, il faut de 12 à 18 chevaux-heures; il ne peut être installé par conséquent qu'à proximité des chutes d'eau.

Le chlorate de potassium obtenu industriellement par électrolyse ne renferme aucune trace de perchlorate et est à peu près pur. Par contre, le chlorate de sodium renferme, comme il est facile de le comprendre, une proportion assez notable de chlorure de sodium.

1. Les chlorates sont fabriqués en France par la Société d'Électrochimie et la Société des Forces motrices de l'Arve.

PERCHLORATES

8. Perchlorate de potassium en partant du chlorate :

BIBLIOGRAPHIE. — F. Foerster, *Z. Elch.*, 4, 386-388*. — F. Winteler, *Z. Elch.*, 5, 50-51 ; 217-221*. — E. Müller, *Z. Elch.*, 509-510.

Électrolyte : solution de ClO^3K saturée à la température ambiante (environ 60 grammes par litre). Si la solution est un peu alcaline, ou le devient pendant l'électrolyse, on l'acidule par quelques gouttes d'acide sulfurique dilué.
Anode : lame ou toile de platine.
Catode : lame de platine ou de cuivre. Le platine est préférable.
D_A = 8 à 12 ampères par décimètre carré.
$D_C = D_A$ ou même plus grande.

La température du bain ne doit pas dépasser 25°, aussi est-il nécessaire de refroidir l'électrolyseur énergiquement, soit avec de l'eau ou de la glace. L'électrolyte ne doit pas être maintenu en état constant d'agitation, mais il est bon de le remuer de temps en temps. Pour le maintenir à peu près saturé de ClO^3K, on y plonge presque complètement un entonnoir à longue douille coupée en sifflet, préalablement garni de cristaux de chlorate reposant sur un petit tampon de coton de verre.

Dès le commencement de l'électrolyse a lieu un faible dégagement d'oxygène fortement ozonisé.

Dès que l'essai a duré un temps suffisant pour que l'électrolyte se soit saturé de perchlorate, on voit tomber de l'anode de fins cristaux de ce sel.

Le rendement du courant atteint environ 80 0/0.

A 0°,	100 parties d'eau dissolvent	0,7 parties de ClO^4K.	
50°	—	—	6,4 —
100°	—	—	19,9 —

On peut préparer le perchlorate de potassium avec un rendement encore meilleur et sans employer une tension aussi élevée en passant par le perchlorate de sodium.

Ce dernier se prépare en opérant de la même façon que pour le sel de potassium, en électrolysant une solution de 20 à 50 grammes de chlorate de sodium dans 100 grammes d'eau. Le chlorate de sodium commercial, renfermant comme impureté du $NaCl$, convient très bien à condition d'aciduler faiblement la solution par quelques gouttes d'acide sulfurique dilué, dans le cas où elle deviendrait alcaline par perte de chlore à l'anode.

Le rendement du courant dépasse 90 0/0 tant que la teneur en chlorate dans l'électrolyte ne s'est pas abaissée en dessous de 10 0/0 ; mais, à cause de sa grande solubilité, il est assez difficile d'en séparer le perchlorate ; c'est pourquoi il y a intérêt à le convertir en sel de potassium peu soluble. Pour cela, on ajoute à la solution une solution saturée à froid de KCl en quantité calculée d'après la quantité d'électricité qui a traversé l'électrolyte; après quelque temps de repos, le perchlorate de potassium précipité est séparé du liquide et essoré. Il renferme toujours une petite quantité de chlorate de potassium.

Le perchlorate de baryum se prépare de même que les perchlorates alcalins en électrolysant une solution saturée à froid de chlorate de baryum commercial [environ 320 grammes $(ClO^3)^2Ba + H^2O$ par litre]. La petite quantité de chlorure que renferme ce produit ne gêne pas.

Au début, le rendement du courant dépasse 90 0/0, mais il finit par tomber à 20 0/0 lorsque 90 0/0 du chlorate sont transformés en perchlorate. La différence de solubilité dans l'eau du chlorate et du perchlorate de baryum ne permet pas de les séparer facilement. Par contre, en employant l'alcool, on peut retirer 80 0/0 du perchlorate. Pour cela, l'électrolyte est évaporé à sec et le résidu est épuisé par l'alcool à 99 0/0 qui dissout assez facilement le perchlorate et presque pas le chlorate ni le chlorure. Il ne reste plus qu'à distiller l'alcool pour obtenir le perchlorate.

La formation électrolytique des perchlorates au moyen des chlorates repose complètement sur la réaction :

$$2ClO^3 + H^2O = ClO^4H + ClO^3H,$$

d'après laquelle les anions ClO^3 réagissent sur l'eau pour former à molécules égales de l'acide chlorique et de l'acide perchlorique qui forment des sels avec l'alcali formé à la catode.

Mais cette réaction n'a lieu qu'aux basses températures. Plus l'électrolyte est chaud, plus se fait sentir l'action habituelle de l'eau sur les restes acides :

$$2ClO^3 + H^2O = 2ClO^3H + O,$$

et le dégagement d'oxygène inutile finit par l'emporter sur l'oxydation réelle du chlorate. Déjà, à 50°, le perchlorate ne se forme plus que secondairement et il ne s'en produit plus du tout à 100°.

La réduction catodique est très faible ; à la température ordinaire et avec de fortes densités de courant, ni les chlorates ni les perchlorates ne subissent sensiblement l'action réductrice de la catode.

La transformation électrolytique des bromates en perbromates se fait sans difficultés particulières ; il n'en est pas de même de celle des iodates en periodates, qui n'a lieu qu'imparfaitement.

Les perchlorates sont fabriqués industriellement par électrolyse.

9. Préparation du persulfate d'ammonium au moyen du sulfate :

BIBLIOGRAPHIE. — H. Marshall, *B.*, **24**, c. 938, Réf. (1891). — Berthelot, *Compt. Rend.*, **114**, 876 (1892). — K. Elbs, *J. pr.*, **48**, 185-188* (1893); *Z. Elch.*, **2**, 162-163. — K. Elbs et O. Schönherr, *Z. Elch.*, **1**, 417-420; **2**, 245-252. — A. R. Foster et E. F. Smith, *C.*, **70**, II, 931 (1899).

Électrolyseur : becherglass dans lequel est un vase poreux de 80 à 150 centimètres cubes de capacité; le vase poreux est entouré d'un serpentin de plomb jouant le rôle de catode.

Anode : spirale de fil de platine de 1 à 2 centimètres carrés de surface.

Catode : tube de plomb auquel on a soudé un fil de cuivre pour amener le courant.

D_A = 500 à 1.000 ampères par décimètre carré.

D_C = la plus faible possible pour diminuer la tension et éviter un trop grand dégagement de chaleur.

Anolyte : solution saturée à froid de sulfate d'ammonium.

Catolyte : mélange de 1 volume acide sulfurique concentré avec 1 à 2 volumes d'eau.

Il faut refroidir énergiquement; la température ne doit pas dépasser 10 à 20° dans le compartiment anodique.

Cela s'obtient facilement en faisant circuler dans le serpentin un courant d'eau froide, ou, encore mieux, d'eau glacée. Pour maintenir l'anolyte à peu près saturé de sulfate d'ammoniaque, on suspend dans le vase poreux un tube à essai percé d'un certain nombre de petits trous et rempli de SO^4Am^2.

A l'anode, se dégage un courant lent d'oxygène fortement ozonisé; l'anode ne doit pas descendre plus bas que la moitié supérieure du vase poreux.

Après trois ou quatre heures, on interrompt l'électrolyse et filtre le contenu du vase poreux sur du coton de verre. Le liquide filtré est saturé à nouveau de sulfate d'ammonium, puis retourne au vase poreux; le dépôt est mis à égoutter sur une plaque poreuse.

La solution catodique tend à devenir alcaline, car elle s'appauvrit en acide sulfurique et s'enrichit en ammoniaque; il faut, avant qu'elle ne soit alcaline, la remplacer par une solution neuve d'acide sulfurique. Par contre, le liquide anodique s'appauvrit en ammoniaque et s'enrichit en acide sulfurique, mais ces changements ne sont pas compensés par la formation du persulfate et la saturation simultanée avec le sulfate d'ammonium; c'est pourquoi, après deux opérations, on fait couler dans la solution anodique, refroidie avec de la glace, au moyen d'un entonnoir à tube capillaire, une solution ammoniacale saturée de sulfate d'ammonium jusqu'à réaction à peine acide.

S'il se fait une précipitation de persulfate, on ne le sépare pas de la solution et le tout est introduit à nouveau dans le vase poreux.

La première opération donne lieu à un faible dépôt de persulfate; mais, aux suivantes, la solution étant saturée de persulfate, le dépôt est abondant. Après la dernière opération, on peut, soit conserver la solution pour un essai ultérieur, soit en extraire le persulfate dissous par additions successives d'une solution peu concentrée de carbonate de potassium, sous forme d'un précipité cristallin de persulfate de potassium.

Il faut avoir bien soin, avant chaque opération, de laver l'anode à l'eau et de la calciner légèrement.

Le rendement du courant dépasse 70 0/0; celui des éléments, 60 0/0. Le produit brut renferme comme impureté principale environ 5 0/0 de sulfate d'ammonium. On peut l'obtenir pur et en beaux cristaux, en saturant le plus rapidement possible de l'eau à la température de 50° avec le persulfate brut et en laissant refroidir lentement la solution à basse température; mais il faut alors consentir à perdre une certaine quantité de sel.

Le persulfate d'ammonium ne peut être conservé sans décomposition que complètement sec.

Pour déterminer la teneur de la solution de persulfate, on en verse un volume mesuré dans un excès de solution fortement acide de sulfate de fer et d'ammonium, dont on tire l'excès au moyen du permanganate.

Il faut remarquer que le persulfate n'oxyde pas instantanément le sulfate double de fer et d'ammonium. Il faut attendre quelques minutes.

Dans la préparation des persulfates, il se forme aussi du peroxyde d'hydrogène dont la présence fausserait les titrages. Aussi, doit-on commencer par titrer au permanganate, puis réduire par un volume connu de sulfate double dont on titre l'excès au permanganate. De cette manière, on obtient d'abord la teneur en peroxyde d'hydrogène et ensuite la teneur en persulfate.

On prépare au moyen de l'appareil décrit ci-dessus, et de la même façon, le persulfate de potassium; mais, à cause de la faible solubilité du sulfate de potassium, le procédé est peu productif; cependant, il est simple et sûr, le persulfate étant encore beaucoup moins soluble.

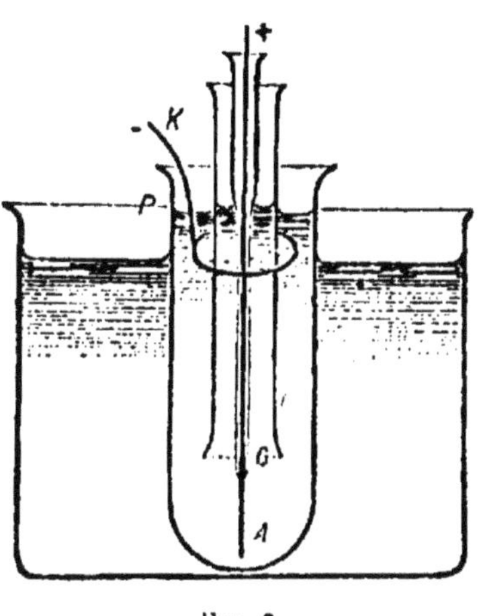

Fig. 7.

L'appareil représenté dans la figure 7 permet de préparer facilement de petites quantités de persulfate de potassium.

Un large tube à essais E renferme une solution saturée de sulfate de potassium dans l'acide sulfurique de densité 1,2 à 1,3. L'anode A, constituée par un fil de platine qu'il faut avoir soin de calciner avant chaque expérience, se trouve à la partie inférieure; elle est entourée d'un tube de verre T allongé; un fil de platine K, dont une extrémité, contournée en forme de boucle, est tout près de la surface du liquide, sert de catode. Avec ce dispositif, l'oxygène dégagé à l'anode ne peut entraîner vers la catode le liquide qui est au voisinage de l'anode, car il est recueilli par le tube T_1 et s'échappe à la partie supérieure de celui-ci. Pour favoriser le refroidissement, tout l'appareil est plongé dans un vase rempli d'eau froide.

Il convient d'employer une densité de courant à l'anode de 100 ampères par décimètre carré. Avec une intensité de 1 à 2 ampères, il se rassemble, au bout de dix minutes, un amas dense de persulfate à la partie inférieure du bain.

La formation des persulfates à l'anode repose sur ce que, dans les solutions concentrées de sulfates, par exemple de sulfate d'ammonium, se trouvent non seulement les anions $\overline{\overline{SO^4}}$, mais aussi les anions $\overline{SO^4Az H^4}$, et ces derniers d'autant plus que la densité de courant est plus élevée. Les anions $SO^4Az H^4$ peuvent donner lieu aux deux réactions suivantes :

I. Ou bien ils décomposent l'eau :

$$2SO^2\begin{matrix} \diagup OAz H^4 \\ \diagdown O- \end{matrix} + H^2O = 2SO^2\begin{matrix} \diagup OAz H^4 \\ \diagdown OH \end{matrix} + O.$$

II. Ou bien ils forment du persulfate par simple addition :

$$2SO^2\begin{matrix} \diagup OAz H^4 \\ \diagdown O- \end{matrix} = SO^2\begin{matrix} \diagup OAz H^4 \\ \diagdown O \end{matrix}\!\!-\!\!-\!\!-\!\!-\!\!-\!\!\begin{matrix} OAz H^4 \diagdown \\ O \diagup \end{matrix} SO^2.$$

La réaction II est favorisée par une haute densité de courant ; c'est pourquoi il est nécessaire, pour préparer les persulfates, d'employer des densités de courant élevées.

Les propriétés des persulfates s'accordent bien avec la structure donnée ci-dessus ; ce sont des dérivés du peroxyde d'hydrogène.

Les solutions aqueuses d'acide libre ou de ses sels dégagent de l'oxygène lorsqu'on les chauffe :

$$SO^2\begin{matrix} \diagup OAz H^4 \\ \diagdown O \end{matrix}\!\!-\!\!-\!\!-\!\!-\!\!-\!\!\begin{matrix} OAz H^4 \diagdown \\ O \diagup \end{matrix} SO^2 + H^2O = 2SO^2\begin{matrix} \diagup OAz H^4 \\ \diagdown OH \end{matrix} + O.$$

C'est pourquoi il faut les préparer à basse température.

Les persulfates sont de lents, mais puissants moyens d'oxydation ; ils mettent en liberté les halogènes de leurs hydracides, transforment l'alcool en aldéhyde, l'*o*-nitrophénol en nitrohydroquinone :

$$\begin{array}{ccccc} & OH & & & OH \\ H & \diagup\diagdown AzO^2 & & H & \diagup\diagdown AzO^2 \\ & & + O = & & \\ H & \diagdown\diagup H & & H & \diagdown\diagup H \\ & H & & & OH \end{array}$$

l'acide salicylique en acide hydroquinone carbonique :

$$\begin{array}{ccccc} & OH & & & OH \\ H & \diagup\diagdown COOH & & H & \diagup\diagdown COOH \\ & & + O = & & \\ H & \diagdown\diagup H & & H & \diagdown\diagup H \\ & H & & & OH \end{array}$$

Les persulfates conviennent particulièrement pour divers procédés d'oxydation et sont fabriqués dans plusieurs usines [1].

B. — ANODES SOLUBLES

10. Oxydule et oxyde de cuivre en partant du cuivre :

BIBLIOGRAPHIE. — R. Lorenz, *Z. anorg. Ch.*, **12**, 436*.

Deux électrolyseurs (*I* et *II*) sont intercalés l'un à la suite de l'autre dans le même circuit ; tous deux renferment une anode de cuivre et une catode de fer-blanc ou de tôle. Les électrodes sont séparées l'une de l'autre d'environ 4 centimètres et leur partie inférieure est éloignée de la même distance du fond des électrolyseurs.

Comme électrolyte, on se sert dans *I* d'une solution demi-saturée de chlorure de sodium et dans *II* d'une solution demi-saturée de sulfate de sodium.

$$D_A = D_c = 2 \text{ à } 4 \text{ ampères par décimètre carré.}$$

Dans *I* se sépare un limon jaune d'oxydule de cuivre

1. Les persulfates sont fabriqués en France par la Société d'Électrochimie.

hydraté et dans *II* de l'hydrate d'oxyde bleu vert. Le rendement est presque quantitatif.

Si, avant de commencer l'expérience, les deux bains sont préalablement portés à peu près à la température d'ébullition, il se produit dans *I* de l'oxydule de cuivre rouge brique et dans *II* de l'oxyde de cuivre noir, de nouveau à peu près quantitativement. L'oxydule est parfois souillé d'un peu de cuivre métallique(1).

Les phénomènes qui se passent sont les suivants :

A l'anode, il se forme en *I* du chlorure cuivreux et en *II* du sulfate de cuivre ; le chlorure se dissout dans la solution de sel marin et le sulfate dans la solution de sulfate de sodium. Tous deux rencontrent la solution de soude caustique qui se produit en quantité équivalente à la catode ; le $NaCl$, d'une part, le SO^4Na^2, d'autre part, sont régénérés, tandis que dans *I* se précipite de l'hydrate cuivreux et dans *II* de l'hydrate cuprique. Si l'électrolyse a lieu à chaud, on obtient les oxydes anhydres correspondants.

D'une manière analogue, peuvent être préparés avec la solution de chlorure de sodium et de sulfate de sodium (sel de Glauber) l'oxyde hydraté de zinc ou de cadmium, l'oxydule de fer hydraté. L'étain donne avec une solution de chlorure de potassium l'acide orthostannique, qu'il est difficile de préparer autrement.

Afin de ne pas souiller les précipités formés par des particules qui peuvent se détacher des anodes ou des catodes, il est bon d'envelopper celles-ci dans du tissu de coton.

Le procédé est pratiquement utilisable dans beaucoup de cas.

11. Blanc de plomb en partant du plomb :

Bibliographie. — W. Borchers, *Z. Elch.*, 3, 482-485. — Luckow, Brevet allemand n° 91707*.

1. Communication manuscrite du Dr F. Oettel à l'auteur.

Électrolyte : 12 grammes de chlorate de sodium et 3 grammes de carbonate de sodium dissous dans 1 litre d'eau.
Anode et catode : lames de plomb éloignées l'une de l'autre et du fond de l'électrolyseur de 10 centimètres.
$D_A = D_c = 0,5$ ampère par décimètre carré.

L'électrolyse se fait à la température ambiante avec insufflation d'acide carbonique très modérée au moyen d'un tube effilé dont la pointe débouche derrière la catode afin de ne pas agiter sensiblement l'électrolyte.

Celui-ci renferme à l'état de solution très diluée deux sels, dont l'un, représentant les $\frac{4}{5}$ de la quantité totale, concourt par ses anions à la formation d'un sel de plomb soluble, le chlorate de plomb; il en résulte que l'anode est attaquée et se dissout. L'autre, représentant le $\frac{1}{5}$ de la quantité totale (CO^3K^2), dont les anions donnent lieu à la formation d'un sel insoluble, ce qui entraîne une précipitation de carbonate de plomb.

Il en résulte que le sel insoluble ne se forme pas directement sur l'anode, mais à quelque distance d'elle, de sorte qu'il ne s'y attache pas sous forme de croûtes, mais tombe au fond de l'électrolyseur sous forme d'un précipité ténu, au fur et à mesure de sa formation.

La soude caustique formée à l'anode est continuellement transformée en carbonate par l'insufflation d'acide carbonique.

Le procédé de Luckow pour la préparation électrolytique du blanc de plomb est exploité industriellement.

12. Bisulfate de plomb en partant du plomb :

BIBLIOGRAPHIE. — K. Elbs, *Z. Elch.*, 6, 47. — K. Elbs et Fischer, *Z. Elch.*, 7, 343-346*.

L'électrolyseur consiste en un grand vase de verre dans

lequel est suspendu un vase poreux; le vase poreux reçoit la catode. Les deux récipients sont remplis d'acide sulfurique de poids spécifique 1,7 à 1,8.

Deux lames de plomb laminé servent d'anodes; la catode est formée d'un serpentin en plomb dont les extrémités sont recourbées au-dessus du vase de verre et reliées à des tubes de caoutchouc assurant une circulation d'eau froide. (Les tubes de caoutchouc ne doivent pas arriver dans le voisinage immédiat du dégagement d'oxygène ozonisé issu de l'anode, sans quoi ils seraient mis hors d'usage.)

La densité du courant doit être de 2 à 6 ampères par décimètre carré; le refroidissement, par intervalles, du liquide du compartiment catodique, empêche la température de dépasser 30° dans l'autre compartiment. Plus la température est élevée, plus il se sépare facilement du peroxyde de plomb par hydrolyse du bisulfate et plus le dégagement d'oxygène augmente. Pratiquement, la limite supérieure de température admissible est d'environ 40°.

La plupart du temps, apparaît bientôt dans l'électrolyte un trouble blanc, puis, peu à peu, une boue blanche se dépose sur le fond du compartiment anodique. C'est du bisulfate de plomb. Le liquide, coloré en jaune verdâtre pâle, est une solution de bisulfate de plomb dans l'acide sulfurique.

S'il se produit pendant l'électrolyse des taches brunes de peroxyde de plomb sur les anodes, on retire celles-ci du bain, les lave avec une solution acidulée de nitrite de sodium, les frotte avec du sable sec et les remet en place. Il est bon d'employ un assez grand volume de liquide anodique, car celui-ci se concentre pendant l'expérience et sa conductibilité diminue au fur et à mesure que la concentration augmente. On peut, du reste, en prenant quelques précautions, diluer l'anolyte sans interrompre l'électrolyse lorsque sa résistance est devenue par trop grande. Pour cela, on abaisse d'abord le plus possible sa température, et l'on fait couler lentement sous la surface du liquide, le long de la paroi du vase, de l'acide sulfurique dilué.

Après quelques heures de marche, on enlève les électrodes et le vase poreux; sans retirer les anodes du bain, on les gratte pour en détacher le sel adhérent, et tout le contenu du compartiment anodique est introduit dans un flacon muni d'un bouchon fermant hermétiquement. Après quelques jours de repos, la plus grande partie du bisulfate se rassemble au fond du vase; souvent une grande quantité de sel se dépose sur les parois ainsi que sur la surface du dépôt à l'état de grains cristallins blancs, confus.

Le rendement du courant oscille et s'élève en moyenne à 60 0/0 du rendement théorique en bisulfate brut.

Pour obtenir le bisulfate à l'état sec, on décante l'acide sulfurique, et le dépôt est étendu sur une plaque poreuse; celle-ci est alors enfermée dans l'exsiccateur garni d'acide sulfurique. Après quelques heures de repos, on reporte le sel brut sur une nouvelle plaque poreuse que l'on introduit encore pendant un certain temps dans l'exsiccateur, jusqu'à ce qu'on obtienne une poudre complètement sèche qui ne s'altère plus dans l'air sec.

Le produit ainsi obtenu renferme de 60 à 85 0/0 de bisulfate; le reste est du sulfate. Le sel qui s'est séparé sous forme de grains est beaucoup plus pur; on peut en obtenir une plus grande quantité en laissant pendant la dernière heure de l'électrolyse la température monter à 40-50°, puis en siphonnant le liquide jaune verdâtre pâle à peu près clair et l'abandonnant au froid dans un flacon bien bouché.

Le sel, plus soluble à chaud, se sépare alors peu à peu sous forme de croûtes grenues dont la teneur en bisulfate oscille entre 85 et 99 0/0. Les boues déposées au fond du compartiment anodique sont traitées de la façon habituelle.

On n'est pas arrivé jusqu'à présent à pouvoir purifier

d'une façon satisfaisante le produit brut de la réaction.

Quand la formation du bisulfate de plomb est en marche normale, les anodes de plomb entrent proportionnellement en solution et deviennent aussi brillantes que si elles étaient amalgamées ; elles se rapprochent par la couleur et par l'éclat plutôt du zinc que du plomb.

Le bisulfate de plomb est une poudre blanche confusément cristalline, tirant la plupart du temps sur le jaune verdâtre, difficilement soluble en jaune vert pâle dans l'acide sulfurique concentré et l'acide pyrosulfurique. Il est insoluble dans les autres dissolvants usuels ou bien réagit sur eux.

L'eau décompose instantanément le bisulfate de plomb en acide sulfurique et peroxyde de plomb ou son hydrate. L'acide sulfurique dilué agit d'autant plus vite qu'il est plus dilué. A la température ambiante, la réaction s'arrête lorsque la densité est d'environ 1,650 à 1,653. Plus l'acide sulfurique est concentré, plus on peut chauffer : par exemple, avec l'acide de densité 1,70, la température peut être poussée jusqu'à 50° avant qu'il ne se sépare du peroxyde de plomb. Avec l'acide de densité 1,80 et au-dessus, l'eau n'intervient plus ; à 100° environ, le bisulfate est alors décomposé avec dégagement d'oxygène :

$$(SO^4)^2 Pb = SO^4Pb + SO^3 + O.$$

Le bisulfate de plomb fournit un moyen énergique d'oxydation qui, dans la plupart des cas, agit de la même manière, mais plus fortement que le peroxyde.

Il est facile de comprendre pourquoi le plomb joue le rôle d'anode soluble avec production de bisulfate, quand on se sert d'acide sulfurique concentré, tandis que, dans l'acide dilué, il peut être considéré, sauf formation d'une pellicule de peroxyde, comme inattaquable. En premier lieu, il se forme toujours du sulfate :

$$Pb + SO^4 = PbSO^4,$$

qui peut former soit du bisulfate, soit du peroxyde, d'après les égalités suivantes :

$$PbSO^4 + SO^4 = Pb(SO^4)^2,$$
$$PbSO^4 + SO^4 + 2H^2O = PbO^2 + 2SO^4H^2.$$

Dans tous les cas, on obtient seulement du peroxyde en présence d'acide sulfurique dilué, car le bisulfate ne pourrait subsister :

$$Pb(SO^4)^2 + 2H^2O = PbO^2 + 2SO^4H^2.$$

Mais, dès que l'acide sulfurique est suffisamment concentré pour que l'attaque du bisulfate par l'eau soit arrêtée, l'anode de plomb devient anode soluble, car, au lieu d'une couche superficielle de peroxyde de plomb, se produit maintenant du bisulfate de plomb modérément soluble dans l'acide sulfurique concentré, l'anode prend un aspect métallique brillant et se consomme par suite de la formation du sulfate de plomb quadrivalent.

13. Extraction du cuivre pur de laiton :

Électrolyte : 1 gramme de sulfate de cuivre; 1 gramme de sulfate de zinc; 4 à 8 centimètres cubes d'acide sulfurique concentré; 300 centimètres cubes d'eau.
Anode : lame de laiton ou gros fil de laiton tordu en spirale.
Catode : lame de plomb nettoyée avec du sable et enduite de paraffine d'un côté.
D_A = 0,5 à 1 ampère par décimètre carré.
D_e = 2 à 4 ampères.

L'électrolyte est maintenu en état constant d'agitation modérée par un courant lent d'acide carbonique; il faut faire passer au moins 10 ampères-heures.

Le dépôt de cuivre formé sur la catode s'en sépare facilement en pliant celle-ci; la pureté du cuivre déposé se reconnaît facilement à sa couleur.

On fera des essais avec des densités de courant très différentes et des proportions variées de sulfate de zinc et de sulfate de cuivre pour se rendre compte de l'influence de ces changements; l'observation du dépôt de cuivre indiquera aussitôt si l'on se trouve bien dans les conditions les plus favorables pour l'obtention du métal pur.

La composition du laiton est très variable; il renferme en moyenne 60 0/0 de cuivre et 40 0/0 de zinc et quelquefois de petites quantités de plomb et aussi de fer. Les ions SO^4 déchargés à l'anode forment ainsi les sulfates de cuivre, de zinc, de plomb et de fer. Le sulfate de plomb se sépare à l'anode sous forme de précipité — boue anodique — et échappe à toute autre réaction. Par contre, les cations Cu^{++}, Zn^{++} et Fe^{++} entrent en dissolution; en outre, les ions H^+ sont abondamment présents dans l'électrolyte acidulé. Les ions cuivre sont ceux qui se déchargent de beaucoup les plus facilement, puis viennent les ions *H* et encore après les ions *Fe* et *Zn*.

Avec une densité de courant déterminée, les ions *Cu* seuls se déchargent; la densité de courant vient-elle à augmenter, ou la solution s'appauvrit-elle en cuivre, alors les ions cuivre n'étant plus en quantité suffisante dans le voisinage de la catode pour le passage du courant, il se dégage de l'hydrogène; mais le dépôt de cuivre est encore pur. Ce n'est qu'avec une très forte densité de courant que les ions *Zn* commencent à se décharger; le dépôt de cuivre se trouve souillé de zinc et devient gris et spongieux.

L'électrolyse offre ainsi un excellent moyen de retirer le cuivre pur de ses alliages, et cela du premier coup, à l'état métallique, ce qu'on ne peut obtenir par aucun autre procédé.

Cette méthode est appliquée sur une vaste échelle dans le raffinage électrolytique du cuivre; elle sert également au dosage du cuivre par électrolyse.

II

EXEMPLES TIRÉS DE LA CHIMIE ORGANIQUE

A. — ÉLECTROLYSE DES ACIDES ORGANIQUES

BIBLIOGRAPHIE. — H. Kolbe, *A.*, **69**, 261* (1849). — Brazier et Gosleth, *A.*, **76**, 265. — Murray, *B.*, **25**, R. 492 (1892). — M. J. Hamonet, *Compt. Rend.*, **123**, 252*. — W. Löb, *Z. Elch.*, **3**, 42. — C. Schall, *Z. Elch.*, **3**, 83 ; **6**, 102. — C. Schall et R. Klien, *Z. Elch.*, **5**, 256-259. — P. Rohland, *Z. Elch.*, **4**, 120-123. — J. Petersen, *Z. ph. Ch.*, **33**, 90-120*, 295-325*, 698-720. — K. Elbs, *J. pr.*, **47**, 104 (1893). — K. Elbs et K. Kraft, *J. pr.*, **55**, 502* (1897). — J. Troeger et E. Ewers, *J. pr.*, **58**, 121 (1898); **59**, 464 (1899). — A. Kekulé, *A.*, **131** (1864). — Aarland, *J. pr.*, **6**, 256. — Crum Brown et J. Walker, *A.*, **261**, 107-128* (1891); **274**, 41-71* (1893). — G. Komppa, *C.*, **70**, II, 1016 (1899). — J. Walker et W. Cormack, *C.*, **71**, I, 770 (1900). — W. v. Miller et H. Hofer, *B.*, **27**, 461 (1894); **28**, 2427-2438* (1891). — *Z. Elch.*, **4**, 56. — H. Hofer, *B.*, **33**, 650-657 (1900).

Les sels des acides organiques sont seuls à considérer et principalement les sels alcalins; les acides libres sont la plupart du temps très peu dissociés et, à cause de cela, sont très mauvais conducteurs.

Des recherches importantes ont été faites sur l'électrolyse des sels alcalins des acides organiques simples; les phénomènes peuvent être ramenés à certaines généralités; mais on ne connaît que partiellement les causes de la marche de la réaction dans chaque cas particulier.

Un exemple montrera plus clairement les réactions essentielles, les électrodes étant supposées inattaquables.

Électrolyse d'une solution aqueuse de propionate de potassium, $CH^3 . CH^2COOK$.

Réaction à la catode :

$$2K + 2H^2O = 2KOH + H^2.$$

Réactions à l'anode :

I. $$2CH^3.CH^2.C\begin{smallmatrix}O\\O\end{smallmatrix} + H^2O = 2CH^3.CH^2.C\begin{smallmatrix}O\\OH\end{smallmatrix} + O.$$

II *a*). $$2CH^3.CH^2.C\begin{smallmatrix}O\\O\end{smallmatrix} = CH^3.CH^2.CH^2.CH^3 + 2CO^2;$$

b). $$2CH^3.CH^2.C\begin{smallmatrix}O\\O\end{smallmatrix} = CH^3.CH^2.C\begin{smallmatrix}O\\OH\end{smallmatrix} + CH^2 = CH^2 + CO^2;$$

c). $$2CH^3.CH^2.C\begin{smallmatrix}O\\O\end{smallmatrix} = CH^3.CH^2.C\begin{smallmatrix}O\\OCH^2CH^3\end{smallmatrix} + CO^2.$$

Les réactions qui ont lieu à l'anode sont seules intéressantes ; elles se divisent en deux groupes :

I. Action des anions déchargés sur l'eau de la solution ; l'acide est régénéré, comme cela a lieu avec la plupart des acides inorganiques, et l'oxygène devient disponible. Celui-ci se dégage en partie, mais donne lieu aussi à des phénomènes secondaires, dont la nature et l'importance dépendent de la nature de l'électrolyte, ainsi que de sa température, de sa concentration et d'autres circonstances analogues.

II. Action réciproque des anions de trois manières différentes :

a) Deux anions perdent leurs restes de carboxyle sous forme d'acide carbonique ; les restes de carbure d'hydrogène se soudent pour former un carbure d'hydrogène saturé. Par exemple, avec l'acide propionique, on obtiendra le butane.

b) Deux anions réagissent de telle sorte que l'un perd CO^2, l'autre emprunte, au reste de carbure d'hydrogène résultant, 1 atome d'hydrogène pour régénérer l'acide, de sorte que le premier anion donne naissance à un carbure non saturé. Ainsi se formera l'éthylène au moyen de l'acide propionique.

c) Deux anions réagissent de telle sorte que l'un perd CO^2 et s'ajoute à l'autre comme reste alkylé pour former 1 molécule d'éther. Il se forme ainsi l'éther résultant de la combinaison de l'acide étudié avec l'alcool de rang immédiatement inférieur : l'acide propionique donnera naissance à l'éther éthylpropionique.

Les réactions indiquées ci-dessus embrassent réellement toutes les observations qui ont été faites jusqu'ici relativement à l'électrolyse des sels alcalins des acides organiques ; les autres produits qui peuvent se former doivent être regardés comme provenant de réactions ultérieures entre les premiers produits-types.

L'emploi des égalités indiquées ci-dessus n'offre aucune difficulté, même dans les cas compliqués. Prenons, par exemple, le sel de potassium de l'éther éthylmalonique :

$$CH^2\begin{matrix}\diagup COOC^2H^5\\ \diagdown COOK\end{matrix}.$$

Les éthers ne sont pas des électrolytes, par conséquent le groupe carboxyle éthérifié ne doit pas participer à l'électrolyse ; l'autre seul sera en jeu.

Si la réaction se passe suivant l'égalité *IIa*, il doit se former de l'éther diéthylsuccinique :

$$2CH^2\begin{matrix}\diagup COOC^2H^5\\ \diagdown COO\end{matrix} = \begin{matrix}CH^2 - COOC^2H^5\\ | \\ CH^2 - COOC^2H^5\end{matrix} + 2CO^2.$$

C'est, en effet, ce qui a lieu. L'exemple n° 17, préparation de l'éther diéthyladipique en partant du sel de potassium de l'éther éthylsuccinique, est une preuve de la marche de l'électrolyse dans le sens de l'égalité *IIa*. Il en est de même de la préparation de l'éthane avec l'acétate de sodium (n° 14). La réaction *IIb* est représentée dans l'exemple n° 15 par la formation de l'éthylène en partant de l'acide propionique, et *IIc* dans l'exemple n° 16 : préparation de l'éther méthylique trichloré de l'acide trichloracétique au moyen de l'acide trichloracétique.

Une question se pose encore : dans quelles conditions a lieu de préférence l'une ou l'autre des réactions comprises sous *I* et *II*? Là aussi on peut donner une règle générale.

Si la solution est étendue, ou si la densité de courant est faible, ou si ces deux conditions sont réalisées en même temps, le cas *I* sera réalisé de préférence, car les restes réagiront surtout sur les molécules d'eau.

Par contre, si la solution est concentrée et la densité de courant forte, les ions déchargés se trouvent resserrés dans un petit espace, et il y a beaucoup de chances pour qu'ils réagissent les uns sur les autres et non pas sur l'eau. L'un des trois cas *IIa*, *b*, *c*, se réalisera donc.

De plus, une température élevée favorise les réactions dans le sens de *I* et une basse température dans le sens de *II*. Cette influence de la température est si grande qu'à 100° le cas *I* se réalise presque quantitativement, quelles que soient les autres conditions de l'expérience.

Enfin, la nature chimique de l'acide a une grande influence sur la marche des réactions. Les acides de la série aromatique se comportent presque exclusivement suivant *I*; les acides de la série grasse, selon les circonstances, suivant *I* ou *II*.

Lorsque le cas *II* est réalisé, c'est surtout de la nature de l'acide et à peine des autres circonstances que dépend l'orientation de l'électrolyse vers *IIa*, *IIb* ou *IIc*, c'est-à-dire que dépend l'obtention d'un carbure saturé, d'une oléfine ou d'un éther comme produit essentiel. Les anomalies apparentes tirent leur explication sans difficulté de la constitution chimique des substances étudiées; on peut, à ce sujet, donner comme exemples l'acide succinique et l'acide acétique. Le succinate de sodium se conduit à l'électrolyse, dans des conditions convenables, principalement d'après *IIa*;

pourtant il ne se forme pas un carbure saturé, mais une oléfine, c'est-à-dire de l'éthylène :

$$2\begin{matrix} CH^2 - CO.O \\ | \\ CH^2 - CO.O \end{matrix} = 2\begin{matrix} CH^2 \\ \| \\ CH^2 \end{matrix} + 4CO^2.$$

Il est évident qu'après le départ de CO^2 le reste $\underset{|}{CH^2} - \underset{|}{CH^2}$ est capable d'exister sous la forme d'éthylène, de sorte que la réunion de deux restes, pour former un carbure saturé, n'a pas tendance à se produire.

Au contraire, l'acide acétique fournit, comme produit essentiel, de l'éthane, dans le sens de *IIa* :

$$2CH^3.CO.O = CH^3 - CH^3 + 2CO^2.$$

A côté de cela et tout à fait secondairement, il se fait aussi de l'éthylène, dont la formation doit être attribuée à ce qu'une partie des anions déchargés réagissent suivant *IIb* :

$$2CH^3.COO = CH^2 + CH^3.CO.OH + CO^2.$$

Mais le méthylène, CH^2, n'est pas connu à l'état libre, et toutes les réactions dans lesquelles il pourrait se former fourniront son homologue immédiatement supérieur : l'éthylène, $CH^2 = CH^2$; c'est ce qui a lieu dans l'électrolyse des acétates.

Jusqu'à présent aucune règle ne permet de prévoir laquelle des réactions *a*, *b* ou *c*, rangées sous le paragraphe *II*, doit avoir lieu ; les résultats sont tout à fait incertains. Les acides homologues, au sens rigoureux du mot, se comportent très différemment; par contre, les isomères se comportent souvent de la même façon. Ainsi l'acide acétique se comporte suivant *IIa* et fournit, comme produit essentiel, de l'éthane; son homologue immédiatement supérieur, l'acide propionique, fournit non pas du butane normal, mais de l'éthylène. Par contre, les deux acides butyriques de structure différente :

$$CH^3.CH^2.CH^2.COOH \quad \text{et} \quad \begin{matrix} CH^3 \\ CH^3 \end{matrix}\!\!>\!CH.COOH$$

se comportent tous deux de même et donnent lieu, à côté d'une petite quantité d'hexane (*IIa*), à la formation de propylène (*IIb*). Tandis que, d'autre part, l'acide acétique subit la décomposition électrolytique pour plus des neuf dixièmes suivant *IIa* et ne donne que des traces d'éthylène (*IIb*), l'acide trichloracétique ne donne naissance qu'à des traces d'éthane hexachloré CCl^3CCl^3 (*IIa*), pourtant très stable, mais fournit abondamment de l'éther méthylique trichloré de l'acide trichloracétique, CCl^3COOCl^3 (*IIc*).

14. Préparation de l'éthane en partant de l'acétate de sodium :

$$2CH^3CO.O = CH^3 - CH^3 + 2CO^2.$$

Un becherglass renferme, comme catode, un cylindre de toile de nickel ou de cuivre ; celui-ci entoure un vase poreux dans lequel se trouve une spirale de fil de platine ou une petite lame de platine servant d'anode. Dans le quart supérieur du vase poreux est un large tube de verre, ajusté librement, mastiqué avec du plâtre et fermé par un bouchon de caoutchouc qui laisse passer le conducteur amenant le courant à l'anode, un tube de dégagement pour les gaz et un thermomètre.

Les gaz dégagés de l'anode traversent d'abord un appareil à potasse de Geissler, destiné à absorber l'acide carbonique et à le doser, puis sont recueillis sur l'eau.

L'électrolyte est constitué par une solution à peu près saturée à froid d'acétate de sodium, acidulée avec quelques centimètres cubes d'acide acétique cristallisable. Il est avantageux d'employer une forte densité de courant à l'anode ; celle-ci doit s'élever au moins à 50 ampères par décimètre carré et, mieux, dépasser 100 ampères par décimètre carré (avec le dispositif décrit, l'anode travaille sur ses deux faces).

Il faut refroidir fortement l'électrolyseur pour empêcher une augmentation de température de plus de 20° dans le compartiment anodique; le rendement du courant en éthane atteint environ 90 0/0, mais tombe déjà aux environs

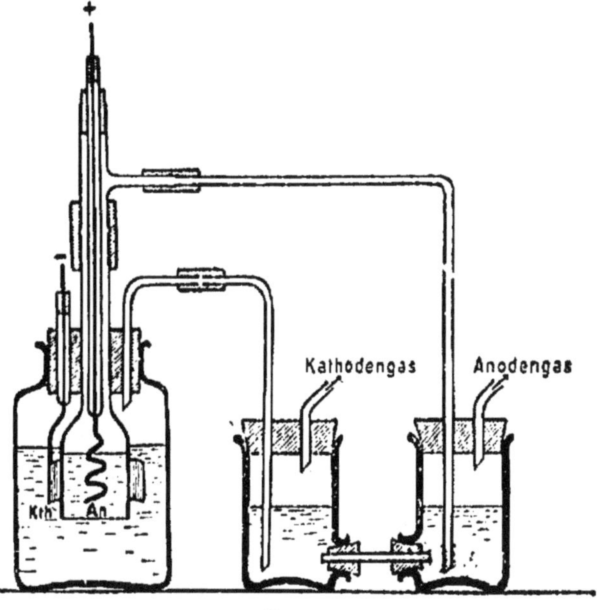

Fig. 8.

de 60 0/0 pour des températures de 30 à 40° et, à 100°, il n'est plus que de 1 0/0.

Si l'on veut recueillir l'hydrogène et l'éthane mélangés, on supprime le vase poreux et, comme électrolyseur, on emploie un vase à large col, à travers le bouchon duquel passent les conducteurs pour l'anode et la catode, ainsi qu'un thermomètre et un tube de dégagement. La résistance intérieure de l'appareil est alors plus faible, et, par suite, le dégagement de chaleur est également plus faible. Enfin le refroidissement est plus efficace.

On peut d'ailleurs recueillir séparément les gaz dégagés de l'anode et de la catode sans l'intermédiaire d'un vase poreux. Le compensateur hydraulique de Ch. Renard, représenté par la figure 8 et dont le fonctionnement est facile à comprendre sans description spéciale, peut être très bien utilisé dans ce but. Toutefois le défaut de cet appareil est de présenter un grand espace nuisible, de sorte qu'au début de l'électrolyse les gaz sont fortement mélangés d'air.

15. Éthylène (bromure d'éthylène) au moyen du propionate de sodium :

$$2CH^3.CH^2.COO = CH^3.CH^2.COOH + CH^2 = CH^2 + CO^2.$$

Un vase de verre à large col renferme comme électrolyte une solution de 30 grammes de propionate de sodium et 25 grammes d'acide propionique dans 80 grammes d'eau. Le vase est fermé par un bouchon de caoutchouc qui laisse passer l'anode formée d'un fil de platine, la catode formée d'une lame de platine, un thermomètre et un tube de dégagement. Ce dernier est relié à un flacon laveur renfermant de la lessive de potasse destinée à absorber l'acide carbonique, auquel font suite un flacon laveur, ou, mieux, un grand tube d'absorption de Winkler renfermant 15 centimètres cubes de brome avec un peu d'eau pour la transformation de l'éthylène, et un petit flacon laveur renfermant un peu de solution de soude caustique ou de bisulfite de sodium.

D_A = 100 ampères par décimètre carré; D_K = quelconque.

L'électrolyseur et le tube à brome sont plongés dans l'eau froide; cependant la température du bain peut monter sans inconvénient jusqu'à 40°.

Après la fin de l'expérience — il faut faire passer au moins 15 à 20 ampère-heures — le contenu du vase à brome est lavé avec une lessive de soude diluée, puis avec de l'eau, séché sur du chlorure de calcium fondu et enfin distillé. On recueille et pèse comme bromure d'éthylène la portion distillant entre 127 et 132°. Le rendement du courant en éthylène oscille entre 36 et 54 0/0 du rendement théorique. En même temps que l'hydrogène, il s'échappe du dernier flacon laveur du butane normal, $CH^3 . CH^2 . CH^2 . CH^3$, mais en petite quantité : 0,5 à 10 0/0.

16. Éther méthylique trichloré au moyen d'un mélange de trichloracétates de sodium et de zinc :

$$2CCl^3 . COO = CCl^3C\begin{matrix} \diagup O \\ \diagdown OCCl^3 \end{matrix} + CO^2.$$

Solution catodique : solution de chlorure de sodium.
Solution anodique : 30 grammes d'acide trichloracétique dissous dans 100 grammes d'eau et saturé avec un mélange en parties égales en poids de carbonate de sodium sec et de carbonate de zinc.
Électrolyseur : becherglass avec un vase poreux renfermant une lame de platine comme anode; le vase poreux est entouré d'une catode de platine ou de plomb.
D_A = 40 à 50 ampères par décimètre carré; D_c = quelconque.
Intensité du courant : 2 à 4 ampères.

Il est nécessaire de refroidir énergiquement, de préférence avec de l'eau glacée.

Au bout d'un quart d'heure, on arrête l'électrolyse, sépare par filtration l'éther séparé sous forme de croûtes cristallines blanches sur l'anode et sur le fond du vase poreux et l'étend sur une plaque poreuse sèche.

Après trois ou quatre électrolyses, le liquide anodique doit être changé; mais il convient mieux comme liquide catodique que la solution de chlorure de sodium et peut la remplacer si l'on doit poursuivre l'expérience. Le rendement du courant en éther atteint 10 à 30 0/0 de la théorie.

L'éther méthylique trichloré de l'acide trichloracétique fond à 34°; il est insoluble dans l'eau, qui le décompose rapidement :

$$CCl^3.C\begin{smallmatrix}\nearrow O\\ \searrow OCCl^3\end{smallmatrix} + H^2O = CCl^3.C\begin{smallmatrix}\nearrow O\\ \searrow OH\end{smallmatrix} + COCl^2 + HCl.$$

Comme, de par sa préparation, il renferme toujours une petite quantité d'eau dont on ne peut le débarrasser complètement par essorage, et comme il ne peut être desséché par les procédés de dessiccation usuels, parce que la décomposition marche plus vite que la dessiccation, il est impossible de le conserver. On peut le débarrasser de la majeure partie de l'eau qu'il retient, et cela rapidement, en le dissolvant dans l'éther de pétrole ou la benzine et versant la solution sur un filtre sec. Par suite de l'évaporation du dissolvant, l'éther cristallise très bien, mais se décompose rapidement à cause des traces d'humidité qu'il renferme encore. Ce composé réagit violemment sur une solution éthérée d'un peu d'alcool absolu :

$$CCl^3.C\begin{smallmatrix}\nearrow O\\ \searrow OCCl^3\end{smallmatrix} + 2C^2H^5OH$$

$$= CCl^3.C\begin{smallmatrix}\nearrow O\\ \searrow OC^2H^5\end{smallmatrix} + ClC\begin{smallmatrix}\nearrow O\\ \searrow OC^2H^5\end{smallmatrix} + 2HCl.$$

Par chauffage avec l'alcool, l'éther éthylformique chloré donne du carbonate d'éthyle, de sorte que la réaction est dans ce cas la suivante :

$$CCl^3.C\begin{smallmatrix}\nearrow O\\ \searrow OCCl^3\end{smallmatrix} + 3C^2H^5OH$$

$$= CCl^3.C\begin{smallmatrix}\nearrow O\\ \searrow OC^2H^5\end{smallmatrix} + CO\begin{smallmatrix}\nearrow OC^2H^5\\ \searrow OC^2H^5\end{smallmatrix} + 3HCl.$$

17. Préparation de l'éther diéthyladipique en partant du sel de potassium de l'éther monoéthylsuccinique :

$$2\begin{array}{l}CH^2.CO.OC^2H^5\\ |\\ CH^2.COO\end{array} = \begin{array}{l}CH^2.COOC^2H^5\\ |\\ CH^2\\ |\\ CH^2.\\ |\\ CH^2.COOC^2H^5\end{array} + 2CO^2.$$

L'électrolyte est constitué par une solution aqueuse concentrée du sel de potassium de l'éther monoéthylsuccinique, formée de 1 partie d'eau pour 1 partie et demie de sel. On introduit 40 à 60 centimètres cubes de cette solution dans un becherglass de forme allongée, qui ne doit être rempli que jusqu'à la moitié de sa hauteur.

On se sert, comme anode, d'un fil de platine enroulé en spirale, et, comme catode, d'une lame de platine.

D_A = 50 à 100 ampères par décimètre carré.
D_C = quelconque.

Le bain doit être bien refroidi. Il arrive parfois que l'électrolyte, assez épais, écume fortement pendant l'opération; il s'échappe un gaz dont l'odeur rappelle celle du melon, et l'éther adipique qui se forme s'étale en couche huileuse sur la solution aqueuse.

On fait passer au moins 15 ampère-heures, sépare la couche huileuse de la solution, la lave à l'eau, la sèche et la chauffe pendant quelque temps à 100-110°. L'éther perd ainsi son odeur et est à peu près pur.

Pour le purifier complètement, il faut le soumettre à une distillation fractionnée sous pression réduite. Le rendement du courant en éther adipique atteint 30 à 35 0/0 de la théorie.

Les portions bouillant plus bas renferment de l'éther éthylacrylique, $CH^2 = CH - CO . OC^2H^5$.

La préparation du sel de potassium de l'éther succinique a lieu en deux temps :

$$\text{I.}\quad \begin{array}{l} CH^2 . COOH \\ | \\ CH^2 . COOH \end{array} + 2C^2H^5OH = 2H^2O + \begin{array}{l} CH^2 . COOC^2H^5 \\ | \\ CH^2 . COOC^2H^5 \end{array}.$$

$$\text{II.}\quad \begin{array}{l} CH^2 . COOC^2H^5 \\ | \\ CH^2 . COOC^2H^5 \end{array} + KOH = C^2H^5OH + \begin{array}{l} CH^2 . COOC^2H^5 \\ | \\ CH^2 . COOK \end{array}.$$

I. 300 grammes d'acide succinique, 500 grammes d'alcool à 96 0/0 et 20 centimètres cubes d'acide sulfurique concentré sont chauffés pendant trois heures avec réfrigérant à reflux sur le bain-marie. Après refroidissement, la solution est versée sur un mélange de 500 grammes de glace pilée ou de neige et de 150 grammes de carbonate de sodium cristallisé. L'éther formé est séparé de la solution au moyen d'un entonnoir à séparation, puis lavé rapidement avec un peu d'eau glacée, séché et distillé. La portion distillant entre 210 et 220° est recueillie comme éther succinique. Rendement : 90 0/0 de l'acide succinique employé.

II. On dissout 150 grammes d'éther diéthylsuccinique dans 100 centimètres cubes d'alcool, et à la solution on ajoute 48 grammes de potasse caustique solide dissous dans l'alcool. Le mélange s'échauffe, et il se forme une bouillie cristalline. Après un repos de trois heures, le tout est évaporé presque à sec au bain-marie, en présence d'un courant d'acide carbonique, puis repris avec un peu d'eau (environ 100 à 150 centimètres cubes) et avec un peu d'éther, pour enlever l'éther succinique qui n'a pas réagi, et finalement encore un peu concentré par évaporation. C'est cette solution de sel de potassium de l'éther éthylsuccinique, renfermant comme impuretés du succinate et du carbonate de potassium, qui sert pour l'électrolyse.

B. — PROCÉDÉS DE RÉDUCTION ÉLECTROCHIMIQUES

I. — RÉDUCTION ÉLECTROCHIMIQUE DES COMPOSÉS NITRÉS AROMATIQUES[1]

BIBLIOGRAPHIE. — K. Elbs, *J. pr.*, **43**, 39-46 (1891). — Haeussermann, *Ch. Ztg.*, **17**, 129 ; 209 (1893). — K. Elbs, *Ch. Ztg.*, **17**, 209 (1893). — L. Gattermann et Koppert, *Ch. Ztg.*, **17**, 210 (1893) ; *B.*, **26**, 2810 (1893). — L. Gattermann, *B.*, **26**. 1844-1856 (1893)* ; **27**, 1929 (1894) ; **29**, 3034,

1. Voir aussi : Marie, *la Réduction électrochimique du nitrobenzène* (*Revue de Physique et de Chimie et de leurs applications industrielles*, 1901, p. 49).

3037, 3040 (1896)*. — A. A. Noyes et A. A. Clément, *B.*, **26**, 990-992 (1893)*. — A. A. Noyes et Dorrance, *B.*, **28**, 2349 (1895). — K. Elbs, *Z. Elch.*, **2**, 472-475; **4**, 87-88; *Ch. Ztg.*, **22**, 332 (1898); *Z. Elch.*, **7**, 119-120, 133-138*, 141-146*; *Z. ang. Ch.*, 1899, 389-392. — K. Elbs et O. Kopp, *Z. Elch.*, **5**, 108-110*. — K. Elbs et R. illig, *Z. Elch.*, **5**, 111-113. — K. Elbs et B. Schwarz, *Z. Elch.*, **5**, 113-115; *J. pr.*, **63**, 562-568 (1901). — A. Rohde, *Z. Elch.*, **5**, 322-324; **7**, 328-332, 338-341. — K. Elbs et F. Silbermann, *Z. Elch.*, **7**, 589-591*. — A. Chilesotti, *Z. Elch.*, **7**, 768-773*. — Haeussermann, *Z. ang. Ch.*, 1901, 380. — W. Löb, *Z. Elch.*, **2**, 529-533; **3**, 45-48, 471; **4**, 428-437; **5**, 456-462; **7**, 320-328, 333-338*; *Z. ang. Ch.*, 1896, 239; *Z. ph. Ch.*, **34**, 641-668 (1900); *B.*, **29**, 1390, 1894 (1896); **31**, 2201 (1898). — Kauffmann et Hof, *Ch. Ztg.*, **20**, 542 (1896). — F. Haber, *Z. Elch.*, **4**, 506-513*; *Z. ang. Ch.*, 1900, 433-439. — F. Haber et Schmidt, *Z. ph. Ch.*, **32**, 271-287 (1900)*; *Z. Elch. Ref.*, **6**, 512. — Fabrique de couleurs, ci-devant F. Bayer et Cie, brevets allemands nos 75260 et 105501. — Straub, brevet allemand n° 79731. — Fabrique d'huile d'aniline A. Wülfnig, brevets allemands nos 100233, 100234*, 108427*. — W. Löb, brevets allemands nos 99312, 100610, 116467. — C. F. Boehringer et fils et C. Messniger, brevet allemand n° 109051. — Fabrique de produits chimiques, ci-devant Weilerter Meer, brevet allemand n° 116871. — C. F. Boehringer et fils, brevets allemands nos 116942* et 117007*.

F. Haber a dressé, d'après ses propres expériences et les recherches déjà effectuées sur la réduction du nitrobenzol, un schéma qui permet d'embrasser le domaine étendu de la réduction électrochimique (et chimique) des composés aromatiques mononitrés. Un grand nombre de recherches faites de divers côtés ont montré que ce schéma était applicable en général aux composés aromatiques mononitrés ; il permet, lorsque des écarts sont constatés, de les expliquer directement ou d'en déterminer les causes par des essais dirigés dans un sens donné. Le schéma reproduit ci-dessous fait comprendre toutes les réactions essentielles qui ont lieu dans le cours de la réduction du nitrobenzol : les flèches verticales indiquent une réduction électrochimique, tandis que les flèches inclinées indiquent une réduction purement chimique.

Ainsi les premiers produits de la réduction sont, en partant du nitrobenzol : le nitrosobenzol, la phénylhydroxylamine, l'aniline :

$$C^6H^5.AzO^2 \rightarrow C^6H^5AzO \rightarrow C^6H^5AzHOH \rightarrow C^6H^5AzH^2.$$

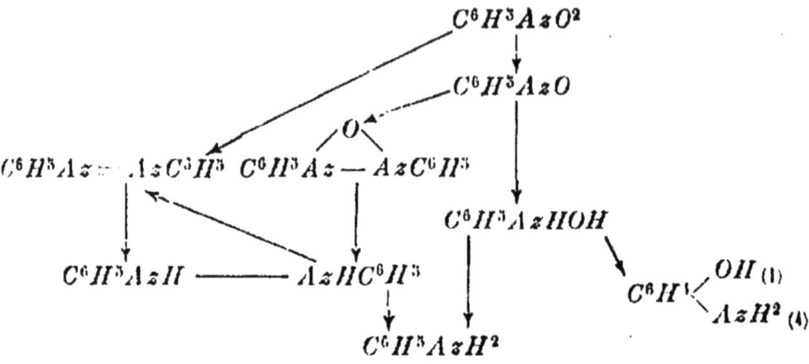

Le nitrosobenzol, encore plus facilement réductible que le nitrobenzol, est ainsi rapidement transformé par réduction en phénylhydroxylamine ; celle-ci, en solution modérément acide, est assez stable et est réduite ultérieurement à l'état d'aniline. C'est pourquoi, par *réduction énergique en solution modérément acide* et sans formation stable de produits intermédiaires, le groupe AzO^2 se transforme en AzH^2 ; autrement dit, il se produit l'amine correspondant au composé nitré soumis à la réduction électrolytique (exemple n° 18).

Mais la solution est-elle *fortement acide*, la phénylhydroxylamine subit une transposition moléculaire et se transforme en son isomère, le paraminophénol :

$$C^6H^5AzHOH = C^6H^4\begin{cases} OH_{(1)} \\ AzH^2_{(4)} \end{cases}$$

qui n'est plus susceptible d'être réduit ultérieurement.

Il se produit en même temps de l'aniline provenant de la réduction d'une certaine quantité de phénylhydroxylamine qui a échappé à la transposition, quantité variable avec les conditions de l'expérience.

Si la solution est *alcaline*, il se produit de l'azoxybenzol par deux réactions ayant l'hydroxylamine pour point de départ :

$$(1)\quad C^6H^5AzHOH + C^6H^5AzO = C^6H^5\overset{O}{Az - Az}C^6H^5 + H^2O.$$

$$(2)\quad 3C^6H^5AzHOH = C^6H^5\overset{O}{Az - Az}C^6H^5 + C^6H^5AzH^2 + 2H^2O.$$

La réaction entre la phénylhydroxylamine et le nitrosobenzol (1) a lieu si rapidement en présence d'alcali libre que la phénylhydroxylamine, lentement réductible, échappe à toute réduction ultérieure et que la réduction électrolytique, au lieu de conduire à la formation d'une amine, fournit un produit azoïque.

La réaction (2) n'a lieu que tout à fait secondairement.

Au lieu de l'hydroxylamine comme point de départ d'une réduction ultérieure, se pose maintenant l'azoxybenzol, qui conduit, par réduction, à l'*hydrazobenzol*. Celui-ci est un des termes de passage importants de la réduction, car il est stable et n'est réduit que très lentement en aniline.

Mais, par suite de la conformation de l'hydrazobenzol, entre en jeu un élément qui, tant qu'il y a du nitrobenzol libre, donne lieu à une formation rapide d'azobenzol et d'azoxybenzol :

$$(3)\quad 3C^6H^5AzH - AzHC^6H^5 + 2C^6H^5AzO^2$$
$$= 3C^6H^5Az = AzC^6H^5 + C^6H^5\overset{O}{Az - Az}C^6H^5 + 3H^2O,$$

et qui, en présence d'un alcali, est rapidement oxydé par l'oxygène de l'air en donnant de l'azobenzol :

$$(4)\quad C^6H^5AzH - AzHC^6H^5 + O = H^2O + C^6H^5Az = AzC^6H^5.$$

Ces deux réactions sont la source de l'azobenzol, qui n'est

ni un produit direct, ni un produit indirect de la réduction; et de leur action combinée résulte que l'on peut facilement obtenir, par une méthode de travail appropriée, de très bons rendements en azobenzol.

On peut ainsi, en prenant pour exemple le nitrobenzol, résumer la marche de la réduction d'un composé aromatique nitré indiquée par le schéma, de la manière suivante :

I. *Réduction en solution modérément acide.* — Les différentes étapes de la réduction sont les suivantes, mais ce produit final est habituellement le seul qui puisse être isolé :

(1) $C^6H^5AzO^2 + 2H = H^2O + C^6H^5AzO;$

(2) $C^6H^5AzO + 2H = C^6H^5AzHOH;$

(3) $C^6H^5AzHOH + 2H = H^2O + C^6H^5AzH^2.$

(Exemple n° 18.)

II. *Réduction en solution fortement acide.* — Les réactions (1) et (2) ci-dessus sont à peu près les seules à se réaliser, car, sous l'action d'acide concentré, la phénylhydroxylamine subit une transposition moléculaire et se transforme en paraminophénol :

$$C^6H^5AzHOH = C^6H^4\begin{cases} AzH^2 \ (4) \\ OH \ (1) \end{cases}$$

et aucun autre produit plus réductible ne peut prendre naissance.

Cette transposition moléculaire n'est, en général, possible que si la position para ou ortho, par rapport au groupe AzO^2 primitif, est disponible ; il se produit aussi des réactions secondaires sous l'influence des acides. Ainsi, l'électrolyse de nitrobenzol en solution sulfurique donne lieu à une production de paraminophénol et, à côté de celui-ci, par sulfonation simultanée, du paraminophénol orthosulfonique (Voir exemples nos 19 et 20).

AzO^2 (H, H, H, H, H) → $AzHOH$ (H, H, H, H, H) → AzH^2 (H, H, H, H, OH) → AzH^2 (H, H, H, SO^3H, OH)

Si l'électrolyse a lieu en solution chlorhydrique, il se fait de la parachloraniline et son isomère ortho :

AzO^2 (H, H, H, H, H) → $AzHOH$ (H, H, H, H, H) → $AzHCl$ (H, H, H, H, H) → AzH^2 (H, H, H, H, Cl) → AzH^2 (H, Cl, H, H, H)

Avec le paranitrotoluol (paratolylhydroxylamine), un atome d'hydrogène du groupe CH^3 change de place avec le groupe OH, et, par conséquent, il se fait du paraminobenzyl-alcool, qui, en présence d'acide sulfurique concentré, se combine au paranitrololuol qui n'a pas réagi pour former du paraminophényl-*m*-nitro-*o*-tolylméthane :

a) AzO^2 (H, H, H, H, CH^3) → $AzHOH$ (H, H, H, H, CH^3) → AzH^2 (H, H, H, H, CH^2OH)

b) AzH^2 (H, H, H, H, CH^2OH) + AzO^2 (H, H, H, H, CH^3) = H^2O + AzH^2 (H, H, H, H) CH^2 (CH^3, H, H, AzO^2, H)

Les hydroxylamines qui ne subissent pas la transposition moléculaire sont réduites normalement :

AzO^2 (H, H, H, H, AzH^2) → $AzHOH$ (H, H, H, H, AzH^2) → AzH^2 (H, H, H, H, AzH^2)

On peut empêcher la transposition moléculaire de l'hydroxylamine et prouver que les aminophénols dérivent bien de l'hydroxylamine qui s'est formée en premier lieu. Ainsi la réduction électrolytique du nitrobenzol en présence de benzaldéhyde fournit de la benzylidènephénylhydroxylamine, qui est stable dans les conditions de l'expérience et peut être isolée sans difficulté (exemple n° 21) :

$$C^6H^5AzO^2 + C^6H^5CHO + 4H = 2H^2O + C^6H^5\overset{\frown O \frown}{Az - CH}.C^6H^5.$$

III. *En solution alcaline.* — Les réactions (1) et (2) se réalisent de même qu'en solution acide. Il se forme un composé nitrosé et une hydroxylamine; celle-ci est soustraite à la réduction ultérieure à cause de son affinité pour le dérivé nitrosé :

$$C^6H^5AzHOH + C^6H^5AzO = H^2O + C^6H^5\overset{\frown O \frown}{Az - Az}C^6H^5;$$

il se forme donc de l'azoxybenzol.

Tandis que de plus grandes quantités de nitrosobenzol et de phénylhydroxylamine sont réduites et transformées en azoxybenzol, celui-ci subit également une réduction en donnant de l'hydrazobenzol; pourtant ce dernier ne peut se former tant que l'électrolyte renferme du nitrobenzol, car celui-ci l'oxyderait au fur et à mesure de sa formation en donnant de l'azo et de l'azoxybenzol :

$$3C^6H^5AzH - AzHC^6H^5 + 2C^6H^5AzO^2$$

$$= 3H^2O + 3C^6H^5Az = AzC^6H^5 + C^6H^5\overset{\frown O \frown}{Az - Az}C^6H^5.$$

L'azobenzol ne subit pas d'autre décomposition et n'est réduit que lentement à l'état d'hydrazobenzol; mais celui-ci s'oxyde de nouveau rapidement, en solution alcaline et sous l'influence de l'oxygène de l'air, en reproduisant l'azobenzol, de sorte que l'azobenzol et en général les composés azoïques peuvent être obtenus avec de très bons rendements. Ce n'est pas le cas pour les composés azoxy en général; la réduction électrolytique ne réussit avec ces dérivés que dans des circonstances particulières, comme cela a été indiqué plus haut (Voir les exemples n°s 26, 27 et 28 pour les composés azoïques et 22, 23, 24 et 25 pour les azoxy).

Par contre, l'hydrazobenzol, qui est très difficilement réduit suivant la réaction :

$$C^6H^5AzH - AzH.C^6H^5 + 2H = 2C^6H^5AzH^2,$$

et n'est pas non plus attaqué chimiquement par suite d'une réaction secondaire après la disparition du composé nitré, est le produit final de la réduction électrolytique en solution alcaline et, à cause de cela, est facile à préparer (exemples n°s 29-30-31).

D'après cela, la réduction électrochimique en solution alcaline est un procédé général de préparation des composés azo et hydrazo, et ne peut être employée que dans des cas particuliers pour la préparation des azoxydérivés.

Un certain nombre d'observations faites dans la réduction électrolytique en solution alcaline semblent être en contradiction avec le schéma de Haber; mais l'explication de ces divergences ne présente aucune difficulté. Dans certains cas, au lieu de composés azoïques, ce sont des amines qui prennent naissance; ainsi, par exemple, en observant les mêmes conditions d'expérience, la *m*.nitraniline donne le *m*.diaminoazobenzol, tandis qu'avec la *p*.nitraniline on obtient la paraphénylènediamine; cette différence tient à ce que la paranitraniline peut former facilement des dérivés quinoniques, ce qui n'est pas le cas pour la métanitraniline.

La paranitraniline, réduite à l'état de paramidophénylhydroxylamine, se transforme en quinonediimide qu'une réduction ultérieure ne pourra changer qu'en diamine :

$$(1)\quad \begin{matrix} AzH^2 \\ H\;\;\;H \\ H\;\;\;H \\ AzHOH \end{matrix} = \begin{matrix} AzH \\ \| \\ H\;\;\;H \\ H\;\;\;H \\ \| \\ AzH \end{matrix} + H^2O.$$

$$(2)\quad \begin{matrix} AzH \\ \| \\ H\;\;\;H \\ H\;\;\;H \\ \| \\ AzH \end{matrix} + H^2 = \begin{matrix} AzH^2 \\ H\;\;\;H \\ H\;\;\;H \\ AzH^2 \end{matrix}$$

Les choses se passent de même si l'on envisage une transposition semblable, déjà, dans le terme immédiatement inférieur de la réduction, c'est-à-dire dans les composés nitrosés :

$$(1)\quad \begin{matrix} AzH^2 \\ H\;\;\;H \\ H\;\;\;H \\ AzO \end{matrix} = \begin{matrix} AzH \\ H\;\;\;H \\ H\;\;\;H \\ AzOH \end{matrix}$$

$$(2)\quad \begin{matrix} AzH \\ H\;\;\;H \\ H\;\;\;H \\ AzOH \end{matrix} + 4H = \begin{matrix} AzH^2 \\ H\;\;\;H \\ H\;\;\;H \\ AzH^2 \end{matrix} + H^2O$$

parce que la quinone-imidoxime ne peut conduire également, par réduction ultérieure, qu'à la *p*.phénylènediamine.

Mais la métanitraline se comporte différemment, parce que, à titre de dérivé métasubstitué, elle n'a pas tendance à former de dérivés quinoniques, et, dans ce cas, le dérivé nitrosé et l'hydroxylamine substituée réagissent facilement l'un sur l'autre en donnant lieu à un dérivé azoxy. Autrement dit, la réduction conduit à la formation d'un composé de la série azoïque.

$$
\begin{array}{cccccc}
H & & H & & H \;\; O \;\; H & \\
H \;\; AzO & + & AzHOH \;\; H & = & H \;\; Az - Az \;\; H & \\
H \;\; H & & H \;\; H & & H \;\; H \;\;\; H \;\; H & + H^2O. \\
AzH^2 & & AzH^2 & & AzH^2 \;\;\; H \;\; AzH^2 &
\end{array}
$$

Encore un exemple : l'ortho et le *p*.nitrophénol donnent naissance aux aminophénols correspondants, tandis que l'ortho et le paranitroanisol engendrent des dérivés azoïques. Les deux nitrophénols donnent le même dérivé quinonique :

$$
\begin{array}{ccc}
 & & O \\
OH & & \| \\
H \;\; AzO & = & H \;\; = AzOH \\
H \;\; H & & H \;\; H \\
H & & H
\end{array}
$$

et :

$$
\begin{array}{ccc}
 & & O \\
OH & & \| \\
H \;\; AzHOH & = & H \;\; = AzH \\
H \;\; H & & H \;\; H \\
H & & H
\end{array}
$$

Respectivement :

$$
\begin{array}{ccc}
 & & O \\
OH & & \| \\
H \;\; H & = & H \;\; H \\
H \;\; H & & H \;\; H \\
AzO & & \| \\
 & & AzOH
\end{array}
$$

et :

$$
\begin{array}{ccc}
 & & O \\
OH & & \| \\
H \;\; H & = & H \;\; H \\
H \;\; H & & H \;\; H \\
AzHOH & & \| \\
 & & AzH
\end{array}
$$

qui se transforment par réduction ultérieure en aminophénols.

Cependant, si l'hydroxyle phénolique est éthérifié, la formation de dérivés quinoniques est empêchée, et la réduction conduit à un dérivé azoïque par suite de la réaction entre le dérivé nitrosé et l'hydroxylamine substituée :

$$\underset{\text{(H, H, H, H)}}{OCH^3\text{-}C^6\text{-}AzO} + \underset{\text{(H, H, H, H)}}{OCH^3\text{-}C^6\text{-}AzHOH} = \underset{\text{(H, H, H, H)}}{CH^3O\text{-}C^6\text{-}Az} \overset{O}{\frown} \underset{\text{(H, H, H, H)}}{Az\text{-}C^6\text{-}OCH^3} + H^2O.$$

C'est aussi ce qui arrive quand, dans une *o.* ou *p.*nitramine, le groupe AzH^2 est acylé, mais non pas s'il est alkylé [1]. Ainsi la *p.*nitrobenzoïldiphénylamine donne lieu à un azodérivé, parce que son dérivé nitrosé et l'hydroxylamine correspondante ne peuvent réagir pour former un dérivé quinonique, mais se condensent en formant la benzoïl-azoxydiphénylamine :

$$\begin{matrix} C^6H^5 \\ C^6H^5CO \end{matrix}\!\!>Az\text{-}C^6H^4\text{-}AzO + AzHOH\text{-}C^6H^4\text{-}Az\!<\!\!\begin{matrix} C^6H^5 \\ CO.C^6H^5 \end{matrix}$$

$$= H^2O + \begin{matrix} C^6H^5 \\ C^6H^5CO \end{matrix}\!\!>Az\text{-}C^6H^4\text{-}Az \overset{O}{\frown} Az\text{-}C^6H^4\text{-}Az\!<\!\!\begin{matrix} C^6H^5 \\ COC^6H^5 \end{matrix}$$

tandis que la paranitrodiphénylamine fournit la paraminodiphénylamine, car rien ne s'oppose à la production d'un dérivé quinonique :

$$\underset{AzO}{\overset{AzHC^6H^5}{C^6H^4}} = \underset{AzOH}{\overset{AzC^6H^5}{\overset{\|}{C^6H^4}}} \; ; \; \underset{AzHOH}{\overset{AzHC^6H^5}{C^6H^4}} = \underset{AzH}{\overset{AzC^6H^5}{\overset{\|}{C^6H^4}}} + H^2O.$$

(Voir exemples nos 32 et 33.)

1. Les dérivés quaternaires de l'ammonium doivent se comporter comme des acylamines, mais jusqu'ici on n'a pas encore réussi à préparer un dérivé nitré approprié à une vérification expérimentale.

1. — RÉDUCTION EN SOLUTION MODÉRÉMENT ACIDE PRÉPARATION DES AMINES

18. Aniline au moyen du nitrobenzol :

$$C^6H^5AzO^2 + 6H = 2H^2O + C^6H^5AzH^2.$$

L'électrolyseur est constitué par un becherglass élancé dans lequel est introduit un vase poreux servant de compartiment anodique ; l'étroit espace cylindrique compris entre le becherglass et le vase poreux reçoit la catode. Le tiers supérieur du becherglass est vide et sert de refrigérant pour les vapeurs d'alcool comme on le comprendra ci-dessous.
Solution anodique : acide sulfurique dilué, de densité 1,1.
Solution catodique : 20 grammes nitrobenzol, 150 centimètres cubes alcool, 125 centimètres cubes acide sulfurique étendu de densité 1,2.
Anode : lame de plomb.
Catode : cylindre de plomb perforé de 20 × 25 centimètres.
D_A = quelconque ;
D_c = 3 à 6 ampères par décimètre carré.

L'électrolyte est introduit chaud dans l'appareil ; par suite de la grande intensité du courant et de la forte « concentration de courant », 15 à 30 ampères pour 300 centimètres cubes de solution catodique, c'est-à-dire 50 à 100 ampères par litre de solution, le liquide ne tarde pas à entrer en ébullition. La réduction est terminée après le passage de 26 à 27 ampère-heures. Le rendement du courant dépasse 90 0/0, ainsi qu'on peut s'en rendre compte par titrage d'une prise d'essai au moyen du nitrite de sodium. La solution catodique est distillée pour en retirer l'alcool, puis évaporée quelque peu si cela est nécessaire ; après refroidissement lent, on obtient 19gr,5 à 20gr,5 de sulfate d'aniline cristallisé, ce qui représente un rendement en produit de 86 à 87 0/0.

Les catodes de plomb neuves doivent, pour donner un bon

résultat, recevoir un enduit de plomb spongieux, ce que l'on obtient facilement d'après le procédé décrit à la page 97.

L'orthonitrotoluol réduit de la même façon est transformé en orthotoluidine avec un rendement d'au moins 90 0/0, et il suffit de rendre alcaline la solution catodique pour mettre la base en liberté et en retirer de 75 à 85 0/0 de la quantité calculée d'orthotoluidine pure. Le métanitrotoluol se conduit, au point de vue des rendements, de même que le dérivé ortho; le paranitrotoluol donne un rendement de paratoluidine généralement plus faible de quelques centièmes.

La marche de la réduction s'explique facilement d'après ce que l'on a lu plus haut; il faut seulement ajouter que la phénylhydroxylamine, en solution modérément acide, subit, en outre de la réduction, deux actions purement chimiques qui diminuent le rendement en aniline et engendrent des produits secondaires. Vient d'abord la formation de paraminophénol par transposition moléculaire qui, en solution fortement acide, est la réaction principale, mais a lieu aussi, quoique lentement, en solution modérément acide; ensuite la condensation, prédominante en solution alcaline, entre la phénylhydrazine et le nitrobenzol se produit aussi, lentement, en solution modérément acide, et il se forme de l'azoxybenzol et de la benzidine comme produits de transformation de l'hydrazobenzol.

La réduction de la phénylhydrazine est donc accompagnée de deux réactions chimiques que l'on arrive à diminuer le plus possible par une réduction énergique. C'est pourquoi le plomb se recommande pour la confection des catodes, d'abord parce que, sous l'influence de la forte tension employée, il possède un potentiel élevé, mais surtout parce qu'après avoir été recouvert de plomb spongieux, sa surface active devient extraordinairement plus grande que celle mesurée géométriquement.

Le zinc, qui est susceptible de prendre très facilement l'état spongieux, est aussi convenable que le plomb, quoique ne présentant pas de tension catodique appréciable.

II. — RÉDUCTION EN SOLUTION FORTEMENT ACIDE; PRÉPARATION DES DÉRIVÉS DE L'HYDROXYLAMINE

19. Paraminophénol en partant du nitrobenzol :

$$(1)\quad \begin{array}{c} AzO^2 \\ H\diagup\!\!\diagdown H \\ H\,|\,\,|\,H \\ H\diagdown\!\!\diagup H \\ H \end{array} + 4H = \begin{array}{c} AzHOH \\ H\diagup\!\!\diagdown H \\ H\,|\,\,|\,H \\ H\diagdown\!\!\diagup H \\ H \end{array} + H^2O.$$

$$(2)\quad \begin{array}{c} AzHOH \\ H\diagup\!\!\diagdown H \\ H\,|\,\,|\,H \\ H\diagdown\!\!\diagup H \\ H \end{array} = \begin{array}{c} AzH^2 \\ H\diagup\!\!\diagdown H \\ H\,|\,\,|\,H \\ H\diagdown\!\!\diagup H \\ OH \end{array}$$

Électrolyseur : becherglass avec vase poreux servant de compartiment catodique.

Liquide anodique : acide sulfurique concentré ordinaire auquel on a ajouté une petite quantité d'eau.

Liquide catodique : solution de 20 grammes $C^6H^5AzO^2$ dans 150 grammes d'acide sulfurique concentré pur additionné de quelques gouttes d'eau. Avant de l'introduire dans le vase poreux, celui-ci doit être bien imbibé du liquide anodique.

Anode : lame de platine.

Catode : toile ou lame de platine.

$D_A = D_C =$ 4 à 6 ampères par décimètre carré.

La marche de la réduction est favorisée par chauffage à 60-90° et agitation intermittente. Il faut faire passer le double de la quantité d'électricité exigée par la théorie; le contenu bleu foncé du vase poreux est alors versé, encore chaud, dans un becherglass et abandonné dans un endroit froid. Il se prend en une bouillie cristalline bleu noir de sulfate de paraminophénol impur que l'on filtre et lave à la trompe sur un filtre garni d'amiante et fait recristalliser par dissolution dans l'alcool chaud.

Les rendements calculés sur le nitrobenzol oscillent entre 20 et 50 0/0 de la théorie; il se forme, comme produits secondaires, de l'aniline, de l'acide paraminophénolsulfonique et des produits colorés.

L'aniline reste tout d'abord dans l'eau mère séparée à la trompe, à l'état de sulfate, et l'acide sulfonique n'est pas dissous par l'alcool employé pour la recristallisation du sulfate impur. On le retire facilement par ébullition du résidu avec une solution de carbonate de sodium et précipitation du filtrat chaud avec l'acide chlorhydrique.

20. Préparation de l'acide paraminophénolsulfonique en partant du nitrobenzol. — On emploie le même appareil et les mêmes électrodes que dans l'essai précédent. On se sert, comme liquide anodique, d'acide sulfurique concentré ordinaire et, comme liquide catodique, d'une solution de 40 grammes $C^6H^5AzO^2$ dans 150 grammes d'acide sulfurique légèrement fumant (poids spécifique : 1,86 à 1,88). Le becherglass est soit enveloppé de toile d'amiante, soit placé dans un vase plus grand et l'intervalle rempli de terre d'infusoires. La densité du courant doit varier entre 2 et 6 ampères par décimètre carré, suivant l'échauffement du bain, dont la température ne doit pas être inférieure à 80° ni supérieure à 120°. Afin d'éviter un trop grand accroissement de la résistance du bain, on ajoute de temps en temps et avec précaution, à l'acide anodique qui devient fumant par suite de l'immigration des ions $H.SO^4$, une petite quantité de solution de sulfate de sodium.

La réduction complète n'exige que 20 0/0 en plus de la quantité d'électricité théoriquement nécessaire. Après la fin de l'essai, le liquide catodique est abandonné au refroidissement, versé dans un volume d'eau triple et filtré après plusieurs heures de repos; le filtrat renferme un peu de sulfate d'aniline et de paraminophénol qu'on peut laisser de côté.

Le contenu du filtre est extrait avec une solution étendue chaude de carbonate de sodium, et la solution ainsi obtenue de sel de sodium de l'acide sulfonique, rapidement filtrée et acidulée immédiatement par l'acide chlorhydrique, donne un précipité cristallin brillant, violet pâle, d'acide paraminophénolsulfonique libre qui, après avoir été essoré et lavé à l'eau, est presque pur. On peut, d'ailleurs, facilement le purifier complètement par dissolution dans l'eau bouillante et recristallisation. On en obtient environ 40 0/0 de la quantité calculée sur le nitrobenzol.

21. Benzylidènephénylhydroxylamine en partant du nitrobenzol et de la benzaldéhyde :

(1) $C^6H^5AzO^2 + 4H = H^2O + C^6H^5AzHOH;$

(2) $C^6H^5AzHOH + C^6H^5CHO = C^6H^5Az \overset{O}{\frown} CH.C^6H^5 + H^2O.$

Électrolyseur et électrodes comme dans l'expérience n° 19.

Solution anodique : mélange de 3 volumes d'acide sulfurique avec un volume d'eau.

Solution catodique : solution de 18 grammes $C^6H^5AzO^2$ et de 20 grammes C^6H^5CHO dans 40 grammes acide acétique cristallisable mélangés avec 40 grammes d'acide sulfurique concentré.

$D_A = D_C = 4$ à 6 ampères par décimètre carré. Avec une intensité de 1,5 à 2 ampères, l'électrolyse dure vingt heures, si l'on veut atteindre une réaction le plus complète possible ; cependant on obtient déjà un rendement passable dans un temps plus court.

L'électrolyseur doit être refroidi extérieurement au moyen d'eau ; après la fin de l'expérience, on verse le contenu du vase poreux dans l'eau froide ou mieux sur de la glace, puis la masse cristalline rouge précipitée est lavée à l'eau sur un entonnoir à succion et recristallisée après dissolution dans l'alcool. On obtient ainsi un produit presque pur, en aiguilles blanches fondant à 108-109°. Rendement en benzylidènephénylhydroxylamine : 26 grammes.

La différence essentielle entre la réduction d'après *II* et celle d'après *I* repose sur ce que les réactions purement chimiques intéressant la phénylhydroxylamine sont accélérées sous l'influence de la forte acidité de la solution catodique (dans les exemples n°s 19 et 20, transposition moléculaire; dans l'exemple n° 21, condensation avec la benzaldéhyde) et qu'en même temps, par suite de la modération et du ralentissement de la réduction (plus faible concentration de courant et catode de plomb lisse au lieu de plomb spongieux), la transformation en amide est entravée. Comme, dans les conditions d'expérience appliquées dans les trois derniers exemples, les dérivés de l'hydroxylamine formés ne sont ni réduits ultérieurement, ni attaqués chimiquement, ces dérivés se présentent comme produits finals et peuvent être facilement isolés.

III. — RÉDUCTION EN SOLUTION ALCALINE; PRÉPARATION DES DÉRIVÉS AZOIQUES ET DES AMINES

1° Azoxydérivés;
2° Azodérivés;
3° Hydrazodérivés et benzidine;
4° Diamine et aminophénol.

Pour toutes les expériences réunies dans ce chapitre, la disposition de l'électrolyseur est la même, sauf dans un seul cas, et à cause de cela sera décrite immédiatement.

On recouvre le fond d'un becherglass très allongé avec un morceau de toile métallique de nickel ou de cuivre provenant de catodes hors d'usage, et plié en forme de lame ondulée sur un crayon. Par-dessus on place un grand vase poreux, dont la hauteur est égale aux deux tiers de celle du becherglass et la largeur telle qu'entre lui et le becherglass ne reste qu'un étroit intervalle dans lequel est logée une catode cylindrique de toile de nickel ou de cuivre, tandis que le vase poreux reçoit, comme anode, une lame de plomb pliée en forme d'S. Dans des cas particuliers, la lame de plomb est remplacée par un serpentin de même métal.

Généralement il faut opérer à chaud, c'est pourquoi l'électrolyte est chauffé préalablement (la solution catodique n'est introduite dans l'électrolyseur que lorsque la solution anodique a bien pénétré le vase poreux). Quelque temps après le commencement de l'électrolyse, le liquide catodique entre en ébullition et le tiers supérieur vide du becherglass agit comme réfrigérant dont on peut augmenter l'efficacité en l'entourant d'une enveloppe de feutre maintenue humide par un filet d'eau. Si, malgré cela, l'alcool s'évapore trop vite, on en ajoute de temps en temps. Il est bon de provoquer une agitation intermittente en soulevant et abaissant la catode par saccades.

Les densités de courant à employer dépendent de la nature des produits que l'on se propose d'obtenir ainsi que du degré de réduction que l'on cherche à atteindre; mais, sans exception, on doit chercher à réduire la durée de l'expérience en employant une forte concentration de courant, ce qui est facile à atteindre (200 ampères, par exemple), même avec une densité de courant modérée, telle que 10 ampères par décimètre carré.

Si l'on dispose de tensions graduées, il est inutile d'employer un rhéostat. On peut souvent se servir indifféremment de toiles de nickel ou de cuivre comme catodes; le nickel est cependant préférable.

a) AZOXYDÉRIVÉS

22. Azoxymétaxylol en partant du nitrométaxylol :

$$2\ C_6H_3(AzO^2)(CH^3)_2 + 6H = 3H^2O + (CH^3)_2C_6H_3{-}Az{-}O{-}Az{-}C_6H_3(CH^3)_2$$

Liquide anodique : solution saturée à froid de carbonate de sodium.

Liquide catodique : 10 grammes nitrométaxylol; 5 grammes acétate de sodium cristallisé ; 100 centimètres cubes alcool à 96 0/0 ; 10 centimètres cubes eau.

D_c = 1 à 2 ampères par décimètre carré. Quantité d'électricité : 5,3 ampère-heures.

Le rendement du courant est presque quantitatif; celui des éléments atteint 85 0/0 de la théorie.

Une fois l'expérience terminée, on laisse refroidir la solution catodique, qui laisse déposer un gâteau cristallin d'azoxydérivé. Celui-ci est essoré, lavé à l'eau et recristallisé par dissolution dans l'éther de pétrole. Il est alors chimiquement pur et se présente en longs prismes jaune rougeâtre fondant à 74°. En faisant passer un courant de vapeur d'eau dans l'eau mère primitive, on entraîne environ 0gr,75 de nitrométaxylol non transformé et environ 0gr,5 d'azométaxylol restant dans le résidu.

Voici le détail d'une expérience exécutée sans rhéostat d'après les indications ci-dessus :

HEURE	DENSITÉ (ampères)	DENSITÉ moyenne (ampères)	AMPÈRES MINUTES	OBSERVATIONS
3h,40	2			Solution jaune pâle.
		3	30	
3h,50	4			Solution jaune rouge.
		5	50	
4h,00	6			La solution bout.
		6	120	
4h,20	6			
		5	100	
4h,40	4			Faible trouble disparaissant par addition de quelques gouttes d'alcool.
		4	20	
	4			
4h,45				Solution rouge, claire. Du commencement jusqu'à la fin, aucun dégagement d'hydrogène.
			320 = 5,3 A. H.	

23. Métadichlorazoxybenzol en partant du *m*-chloronitrobenzol :

$$2\;\begin{array}{c} AzO^2 \\ H \diagup \diagdown H \\ H \big| \quad \big| Cl \\ \diagdown \diagup \\ H \end{array} + 6H = 3H^2O + \begin{array}{ccc} & O & \\ Az & \text{—} & Az \\ H \diagup \diagdown H & & H \diagup \diagdown H \\ Cl \big| \quad \big| H & & H \big| \quad \big| Cl \\ \diagdown \diagup & & \diagdown \diagup \\ H & & H \end{array}$$

Liquide anodique : solution saturée à froid de carbonate de sodium.

Liquide catodique : 10 grammes chloronitrobenzol ; 5 grammes acétate de sodium cristallisé, 200 centimètres cubes alcool à 75 0/0.

D_c = 1 à 5 ampères par décimètre carré.

On laisse la solution catodique atteindre la température d'ébullition et interrompt l'électrolyse un peu avant le passage des 5,4 ampère-heures nécessaires, soit après 5 ampère-heures. Déjà pendant l'expérience, le composé azoxy difficilement soluble se sépare abondamment sous forme de paillettes brillantes orangées. On laisse refroidir, essore et fait recristalliser après dissolution dans l'alcool bouillant. Rendement : 80 0/0 de la théorie en *m*-dichlorazoxybenzol pur fondant à 97°.

24. Parazoxyanisol en partant du *p*-nitroanisol :

$$2\begin{array}{c}AzO^2\\ H\diagup\diagdown H\\ H\;\;\;\;\;\;H\\ OCH^3\end{array} + 6H = 3H^2O + \begin{array}{ccc} & O & \\ Az & — & Az\\ H\diagup\diagdown H & & H\diagup\diagdown H\\ H\;\;\;\;\;\;H & & H\;\;\;\;\;\;H\\ OCH^3 & & OCH^3\end{array}$$

Liquide anodique : solution de carbonate de sodium.
Liquide catodique : 10 grammes paranitroanisol ; 2 grammes acétate de sodium cristallisé ; 140 centimètres cubes alcool à 70 0/0.
D_c = jusqu'à 11 ampères par décimètre carré.

On électrolyse à la température de l'ébullition jusqu'à ce que la quantité d'électricité qui a traversé l'électrolyte soit égale à 5 ampère-heures. L'azoxyanisol, peu soluble, se sépare déjà abondamment pendant l'électrolyse.

Après refroidissement, le produit brut est filtré sur un entonnoir à succion et recristallisé après dissolution dans l'alcool. Aiguilles jaunes fondant à 116°. Le rendement des éléments dépasse 80 0/0 de la quantité calculée.

100 parties d'alcool à 96 0/0 dissolvent, à 20°, 0,5 partie, et à 79°, 3,5 parties de *p*-azoxyanisol.

25. Azoxybenzol en partant du nitrobenzol :

$$2C^6H^5AzO^2 + 6H = 3H^2O + C^6H^5\overset{\;\;O\;\;}{Az — Az}C^6H^5.$$

Le nitrobenzol est réduit non pas à l'état dissous, mais à l'état d'émulsion ; aussi le dispositif diffère-t-il quelque peu de celui indiqué au début du chapitre relatif à la réduction en solution alcaline. Le becherglass reçoit l'anode en platine ou en plomb, et dans le vase poreux est placé un cylindre de toile de nickel, servant de catode, à l'intérieur duquel se trouve un agitateur suffisant pour maintenir l'électrolyte en émulsion.

Liquide anodique : solution de sulfate de sodium acidulée avec un peu d'acide sulfurique.
Liquide catodique : 30 grammes nitrobenzol ; 240 grammes lessive de soude à 2,5 0/0.
D_c = 5 à 7 ampères par décimètre carré.

Après le passage de 20 à 21 ampère-heures, l'électrolyse est interrompue ; un dégagement d'hydrogène allant graduellement en augmentant apparaît après 19 ampère-heures. L'émulsion doit être maintenue très régulièrement au moyen de l'agitateur. Le contenu du vase poreux est versé dans une cornue et distillé dans un courant de vapeur d'eau pendant une demi-heure. Il passe ainsi, à côté d'un peu de nitrobenzol et d'aniline, une certaine quantité d'azoxybenzol. Le produit huileux restant comme résidu se fige par lavage à l'eau froide ; on le fait recristalliser par dissolution dans l'éther de pétrole. Le rendement en azoxybenzol pur dépasse 60 0/0.

Des quatre azoxydérivés choisis comme exemples, trois sont moins facilement réductibles à l'état d'hydrazodérivés : l'azoxy-*m*-xylol, le *m*-dichlorazoxybenzol et le *p*-azoxyanisol ; de sorte que, en travaillant avec de faibles densités de courant, on réussit, en faisant passer la quantité d'électricité presque juste suffisante pour atteindre le degré azoxy, à empêcher la réduction d'atteindre le degré hydrazo et aussi la formation d'azodérivés. Dans le cas du *m*-dichlorazoxybenzol et du *p*-azoxyanisol se présente cette circonstance avantageuse que ces produits sont très peu solubles dans l'électrolyte et se séparent en majeure partie pendant l'expérience ; ils échappent ainsi à toute réduction ultérieure, ce qui permet de les préparer dans de bonnes conditions de rendement. Il n'en est pas de même de l'azoxybenzol, et ce n'est que par l'emploi d'un artifice, consistant à électrolyser une émulsion au lieu d'une solution, qu'on parvient à le préparer. Malgré cette circonstance défavorable, le nitrobenzol, facilement réductible, est réduit, tandis que l'azoxybenzol, plus difficilement réductible, est à peine réduit et peut être isolé comme produit final, quand bien même la quantité d'électricité ayant traversé l'électrolyseur serait supérieure à la quantité théoriquement nécessaire.

b) DÉRIVÉS AZOÏQUES

26. Azobenzol en partant du nitrobenzol :

$$2C^6H^5AzO^2 + 8H = C^6H^5Az = AzC^6H^5 + 4H^2O.$$

Liquide anodique : solution saturée à froid de carbonate de sodium.

Liquide catodique : 20 grammes nitrobenzol ; 5 grammes acétate de sodium cristallisé ; 200 centimètres cubes alcool à 70 0/0.

D_c = 6 à 9 ampères par décimètre carré.

On électrolyse à la température d'ébullition. Presque au moment où la quantité théorique d'électricité a traversé le bain (17,4 ampère-heures), apparaît un fort dégagement d'hydrogène ; mais on continue à faire passer encore 1 à 2 ampère-heures avec une densité de courant plus faible. Le liquide catodique, qui renferme alors, à côté de l'azobenzol, un peu d'hydrazobenzol et plus du tout de nitrobenzol, est versé encore chaud dans une fiole d'Erlenmeyer, et l'on y insuffle pendant une demi-heure un courant d'air pour ramener par oxydation l'hydrazobenzol à l'état d'azobenzol. La plus grande partie de l'azobenzol cristallise ; celui-ci peut être séparé par filtration et obtenu ainsi presque chimiquement pur ; le reste peut être précipité par addition d'eau ou entraîné par un courant de vapeur d'eau, et il suffit d'une recristallisation par dissolution dans l'alcool ou l'éther de pétrole pour le purifier. Le rendement du courant dépasse 80 0/0 et celui des éléments 90 0/0 de la théorie.

Les dérivés azoïques correspondant aux : nitrotoluol ; *m*-nitrotoluol ; *p*-nitrotoluol, nitro-orthoxylol $\underset{(1.2)}{(CH^3)^2},C^6H^3,\underset{(4)}{AzO^2}$, se préparent de la même façon et également avec de bons rendements, même avec des densités de courant à la catode encore un peu plus élevées. Le *p*-hydrazotoluol ne s'oxyde pas si facilement que la plupart des hydrazodérivés ; c'est pourquoi, dans le cas de la réduction du *p*-nitrotoluol, il ne faut faire passer que la quantité d'électricité nécessaire pour former le *p*-azotoluol. L'azoxy-*m*-xylol se réduit plus lentement en hydrazodérivé que ses homologues ; sur cette propriété repose, comme cela a déjà été indiqué, une méthode de préparation, et, à cause de cela, le nitro-*m*-xylol peut être réduit en azo-*m*-xylol avec une densité de courant moitié moindre que celle autrement employée. Comme liquide catodique, on emploie une solution de 10 grammes de nitro-*m*-xylol et 5 grammes d'acétate de sodium cristallisé dans un mélange de 120 centimètres cubes d'alcool à 96 0/0 avec 20 centimètres cubes d'eau. La densité de courant à la catode doit être de 3 à 6 ampères par décimètre carré ; il faut faire passer une quantité d'électricité supérieure de 10 0/0 à la quantité calculée. La fin de l'expérience est facile à saisir : dès que la quantité théoriquement nécessaire d'électricité a traversé le bain, il se manifeste un vif dégagement d'hydrogène. La suite du traitement du liquide catodique est la même que pour l'azobenzol.

27. Acide *m*-azobenzoïque avec l'acide *m*-nitrobenzoïque :

$$2\ C^6H^4(AzO^2)(COOH) + 8H = 4H^2O + (COOH)C^6H^4{-}Az = Az{-}C^6H^4(COOH)$$

Liquide anodique : solution de carbonate de sodium.
Liquide catodique : 10 grammes d'acide *m*-nitrobenzoïque sont mélangés à 100 centimètres cubes d'eau et le tout additionné de la quantité d'une lessive de soude juste suffisante pour dissoudre l'acide.
D_c = 4 à 6 ampères par décimètre carré.

Dès qu'on a fait passer la quantité d'électricité nécessaire théoriquement, ce qui est assez facile à reconnaître par suite d'un commencement de dégagement d'hydrogène, on verse le liquide catodique dans un flacon, le secoue bien en présence d'air, après quoi l'acide *m*-azobenzoïque est précipité par l'acide chlorhydrique, filtré à la trompe, lavé d'abord à l'eau, puis avec de l'alcool chaud. Le rendement du courant et celui du produit fini sont presque quantitatifs.

28. *m*-diaminoazobenzol en partant de la *m*-nitraniline :

$$2\,C_6H_4(AzO^2)(AzH^2) + 8H = 4H^2O + (AzH^2)C_6H_4{-}Az{=}Az{-}C_6H_4(AzH^2)$$

Liquide anodique : solution de carbonate de sodium.
Liquide catodique : 20 grammes de *m*-nitraniline; 5 grammes acétate de sodium cristallisé; 200 centimètres cubes alcool à 70 0/0.
D_c = 4 à 8 ampères par décimètre carré.

Au lieu de 15,5 ampère-heures théoriquement nécessaires, on fait passer, dans l'électrolyte chaud, 16 à 17 ampère-heures, puis le liquide catodique est abandonné au refroidissement pour cristalliser. L'eau mère, versée dans de l'eau, fournit à l'état de précipité le reste du composé azoïque dans un état de moins grande pureté, tandis qu'une trace de *m*-phénylènediamine reste en solution.

Le rendement du courant dépasse 90 0/0 et celui des éléments 80 0/0 de la théorie.

Par recristallisation après dissolution dans l'alcool étendu, le diaminoazobenzol se présente sous forme de magnifiques aiguilles orangées fondant à 146-148°. Cependant le produit est encore souillé par quelques centièmes de *m*-diaminoazoxybenzol, dont il est difficile de le débarrasser par recristallisation. On y réussit, en en perdant un peu, en le mêlant, après avoir été bien desséché, à dix fois son poids d'acide sulfurique concentré pur et chauffant le tout à 100-110° pendant deux heures. Après refroidissement, la solution brun foncé est introduite dans cinq fois son volume d'eau et sursaturée de lessive de soude. Le précipité cristallin est séparé, lavé à la soude caustique, puis avec de l'eau et finalement dissous dans l'alcool, d'où il cristallise. Le *m*-diaminoazobenzol est alors pur et fond à 154-156°. Le *m*-diaminoazoxybenzol, qui souillait le produit brut, a subi par le traitement à l'acide sulfurique une transposition moléculaire :

$$AzH^2C^6H^4Az \overset{O}{\frown} AzC^6H^4AzH^2$$

$$= AzH^2C^6H^4Az = AzC^6H^3\begin{cases} OH \\ AzH^2 \end{cases}$$

Il est transformé en *m*-diamino-oxyazobenzol soluble, à titre de phénol, dans la lessive de soude et dont il est ainsi facile de se débarrasser.

Conformément aux explications déjà données, la formation des dérivés azoïques se fait par une voie très détournée : le composé nitré fournit comme premier produit, très facilement réductible ultérieurement, un composé nitrosé, et comme second produit, plus difficilement réductible, une hydroxylamine. Tous deux se condensent rapidement en formant un azoxydérivé, qui se transforme par réduction, avec une vitesse modérée, en hydrazodérivé, lequel alors, de son côté, est oxydé par le composé nitré non encore attaqué pour former un dérivé azoïque.

Tant qu'il reste du composé nitré, on peut employer de fortes densités de courant catodique sans dégagement d'hydrogène, et la formation du dérivé azoïque marche régulièrement. Après l'épuisement du composé nitré disparaissent les éléments facilement réductibles ($RAzO^2$ et $RAzO$); il se dégage alors de l'hydrogène; le composé azoxy, encore présent à ce moment, est réduit lentement en hydrazocomposé; il en est de même, mais plus lentement, du dérivé azoïque, et, à défaut du composé nitré, n'intervient plus que l'oxygène de l'air, pour oxyder les hydrazo et azodérivés.

La plupart du temps, le dégagement d'hydrogène fait son apparition presque juste au moment où vient de passer la quantité d'électricité théoriquement nécessaire pour la formation du dérivé azoïque. Pourtant le commencement du dégagement gazeux ne marque pas surtout le point où le dérivé azoïque est exclusivement présent et où commence la réduction ultérieure en hydrazodérivé, mais bien plus, celui où le dérivé nitré a disparu complètement de la solution.

A ce moment, le liquide catodique renferme, à côté du dérivé azoïque, encore un peu d'azoxy et d'hydrazocomposés; comme les composés azo et azoxy sont difficiles à séparer, il est ordinairement avantageux de faire passer, après l'apparition du dégagement d'hydrogène, avec une densité de courant plus faible encore, environ 10 0/0 de la quantité d'électricité théoriquement nécessaire; il ne reste plus alors que les composés azo et hydrazo, et ce dernier est facilement oxydé par l'oxygène de l'air, surtout en présence d'un alcali, en donnant le dérivé azoïque.

c) HYDRAZODÉRIVÉS ET BENZIDINE

29. Hydrazobenzol et benzidine en partant du nitrobenzol :

$$(1)\ 2C^6H^5AzO^2 + 10H = 4H^2O + C^6H^5AzH - AzHC^6H^5.$$

$$(2)\ C^6H^5AzH - AzHC^6H^5 = \underset{(4)}{AzH^2}C^6H^4 \underset{(1)}{-} C^6H^4\underset{(4)}{AzH^2}.$$

C'est la continuation de l'essai numéro 26; après le passage de 17,4 ampère-heures et l'apparition du dégagement d'hydrogène, on affaiblit la densité du courant pour la ramener à 1 à 3 ampères par décimètre carré (à la catode), et l'on fait passer encore 4,4 ampère-heures, quantité théoriquement nécessaire. Le dégagement gazeux est très faible, et le liquide rouge foncé s'éclaircit; l'électrolyseur est alors placé dans l'eau froide et, tandis que l'hydrazobenzol cristallise par suite du refroidissement, on fait encore passer un demi-ampère-heure avec une très faible densité de courant. Finalement, la bouillie cristalline contenue dans le compartiment catodique est essorée rapidement, lavée à l'acide acétique étendu, puis à l'alcool, enfin avec de l'éther de pétrole et séchée. Le filtrat est recueilli dans un grand flacon renfermant 200 centimètres cubes l'eau et quelques gouttes de sulfure d'ammonium; il se précipite une nouvelle portion d'hydrazobenzol moins pur, qui est traité comme celui qui a cristallisé en premier lieu.

Le rendement du courant dépasse 80 0/0; celui des éléments (les deux cristallisations réunies), plus de 90 0/0 de la théorie.

Pour la préparation de la benzidine, on ne refroidit pas pendant le passage du dernier demi-ampère-heure excédant, ajoute quelques gouttes de solution de bisulfite de sodium dans le compartiment catodique dont on siphonne le contenu sans interrompre le courant dans une terrine contenant un mélange chaud de 200 centimètres cubes d'acide sulfurique concentré avec 400 centimètres cubes d'eau. La neutralisation du liquide alcalin se fait avec effervescence, et l'hydrazobenzol est converti en sulfate de benzidine. Après refroidissement, le sulfate de benzidine cristallin et pulvérulent est essoré, puis lavé à l'eau et à l'éther pour séparer une petite quantité d'azobenzol qui a pris naissance, malgré la rapidité de la transposition moléculaire et la présence d'acide sulfureux. Le rendement en sulfate de benzidine est d'environ 70 0/0 de la quantité calculée. Le rendement est légèrement amélioré quand on effectue la transposition avec l'acide chlorhydrique au lieu de l'acide sulfurique et convertit le chlorhydrate de benzidine en sulfate, par addition en solution bouillante d'une solution de sulfate de sodium saturée.

L'ortho et le parahydrazotoluol, ainsi que le sulfate d'orthotolidine, se préparent de la même manière que l'hydrazobenzol ; les rendements sont à peu près les mêmes.

30. *m*-diaminohydrazobenzol et *m*-diaminobenzidine en partant de la *m*-nitraniline :

$$(1)\quad 2\,C_6H_4(AzO^2)(AzH^2) + 10H = 4H^2O + (AzH^2)C_6H_4\text{—}AzH\text{—}AzH\text{—}C_6H_4(AzH^2)$$

$$(2)\quad 2\,(AzH^2)C_6H_4\text{—}AzH\text{—}AzH\text{—}C_6H_4(AzH^2) = (AzH^2)^2C_6H_3\text{—}C_6H_3(AzH^2)^2$$

Liquide anodique : solution de carbonate de sodium.

Liquide catodique : 25 grammes de métanitraniline ; 5 grammes d'acétate de sodium cristallisé ; 350 centimètres cubes d'alcool à 96 0/0 ; 50 centimètres cubes d'eau.

D_c = 6 à 10 ampères par décimètre carré pour la formation du composé azoïque (19.6 ampère-heures) et 2 à 4 ampères par décimètre carré pour pousser la réduction jusqu'à la formation du dérivé hydrazo (5 ampère-heures). Puis le bain est refroidi et l'électrolyse est poursuivie avec une densité de courant à la catode de 0,5 à 1 ampère par décimètre carré, de façon à ce qu'il passe 2 ampère-heures jusqu'au moment où l'électrolyte est refroidi. Le dégagement d'hydrogène est alors assez vif, et de rouge foncé la solution devient presque incolore et l'hydrazodérivé se sépare sous forme d'une poudre cristalline jaunâtre, dont on empêche l'adhérence à la catode en secouant celle-ci de temps en temps.

Le produit est essoré, lavé à l'eau, à l'alcool et à l'éther de pétrole, puis séché à l'air libre en évitant la lumière du soleil. Rendement du courant : 75 à 80 0/0. Rendement des éléments, 90 0/0 de la théorie.

Le *m*-diaminohydrazobenzol se présente sous la forme d'une poudre sablonneuse cristalline blanc jaunâtre ; les cristaux sont bien formés, fortement réfringents, presque insolubles dans l'eau, l'éther, l'éther de pétrole et le benzol, peu solubles dans l'alcool bouillant et presque pas dans l'alcool froid. Le produit se conserve lorsqu'il est sec ; il se colore en rouge lorsqu'on le chauffe à une température supérieure à 130° et fond peu nettement à 152°.

Pour le transformer en son isomère, la diaminobenzidine, on le dissout dans la quantité nécessaire d'acide acétique cristallisable, dans une capsule de porcelaine chauffée à feu nu, et, dès que la solution commence à bouillir, on y introduit lentement de l'acide chlorhydrique concentré (environ 40 centimètres cubes pour la quantité d'hydrazocomposé obtenu dans l'essai qui vient d'être décrit). Il se produit une réaction assez vive ; le liquide se colore en violet brun, et bientôt le sel de la benzidine se sépare sous la forme d'un sable cristallin. On retire alors la capsule du feu, étend avec un volume d'alcool double et laisse refroidir. Les cristaux sont essorés, lavés à l'alcool et séchés à l'air libre. Le rendement en chlorhydrate de diaminobenzidine atteint 80 0/0 de la quantité calculée. Pour obtenir le sel tout à fait pur, on le dissout dans un peu d'eau, filtre et ajoute d'abord de l'alcool chaud, puis de l'acide chlorhydrique concentré; après quelque temps, il se sépare des cristaux bien formés.

31. Benzidine *m*-disulfonique en partant de l'acide *m*-nitrobenzolsulfonique :

(1) $C_6H_4(AzO^2)(SO^3H) \cdot 2 + 10H = 4H^2O + (SO^3H)C_6H_4{-}AzH{-}AzH{-}C_6H_4(SO^3H)$

(2) $(SO^3H)C_6H_4{-}AzH{-}AzH{-}C_6H_4(SO^3H) \rightarrow (AzH^2)(SO^3H)C_6H_3{-}C_6H_3(SO^3H)(AzH^2)$

Liquide anodique : solution de carbonate de sodium.

Liquide catodique : 60 grammes de *m*-nitrobenzolsulfonate de sodium anhydre; 350 à 400 centimètres cubes d'eau.

D_c = jusqu'au degré de réduction azo, 3 à 6 ampères par décimètre carré; puis, jusqu'au degré de réduction hydrazo, 0,5 à 1,5 ampère; finalement, 0,5 ampère par décimètre carré, de façon à faire passer avec cette dernière densité de courant une quantité d'électricité dépassant de 10 0/0 la quantité théorique.

Le bain est maintenu constamment presque à la température de l'ébullition. Pendant la seconde période de la réduction, il se produit toujours un faible dégagement d'hydrogène et, par suite de l'oxydation facile par l'oxygène de l'air, la solution ne devient pas incolore, mais reste plus ou moins jaunâtre. Finalement, le liquide catodique est siphonné dans une capsule de porcelaine (sans que le courant soit interrompu) renfermant un mélange à la température d'ébullition de 250 grammes d'acide sulfurique concentré avec 500 grammes d'eau. L'ébullition est maintenue pendant encore un quart d'heure jusqu'à ce qu'un abondant précipité cristallin se soit séparé de la solution colorée en rouge. Après refroidissement, le dépôt est essoré, lavé à l'eau, puis dissous dans de l'eau ammoniacale étendue chaude; la solution filtrée encore chaude est ensuite acidulée fortement avec de l'acide chlorhydrique concentré. Par refroidissement, la benzidine *m*-disulfonique se sépare en cristaux incolores bien formés. Rendement : 50 à 60 0/0 de la quantité calculée.

Le même procédé permet de préparer l'*o*-tolidine disulfonique (*a*) en partant du sel de sodium de l'acide *o*-nitrotoluolsulfonique (*b*), avec le même rendement :

(*b*) CH^3; H, AzO^2; H, H; SO^3Na

(*a*) SO^3H, SO^3H; H, H; AzH^2, H, H, AzH^2; CH^3, CH^3

Comme il n'a pas été publié d'indications exactes au sujet de la préparation du *m*-nitrobenzolsulfonate de sodium et du *m*-nitrotoluolsulfonate de sodium, on trouvera ci-dessous le moyen de les préparer.

Préparation du m-*nitrobenzolsulfonate de sodium.* — Un mélange de 100 grammes de nitrobenzol avec 400 grammes d'acide sulfurique ordinaire fumant de densité = 1,9 est introduit dans un ballon et chauffé lentement sur un entonnoir à filtrations chaudes, puis maintenu pendant deux heures à 150-160°. Après refroidissement, le contenu du ballon est versé dans 1 et demi à 2 litres d'eau, et la solution saturée à chaud par le carbonate de sodium est ensuite évaporée dans une capsule jusqu'à apparition d'une pellicule cristalline. On laisse alors refroidir à 38° et filtre rapidement à travers une chausse. L'eau mère ne vaut pas la peine d'être traitée.

Les cristaux sont constitués en majeure partie par le sulfonate de sodium et renferment peu de sel de Glauber. Pour les séparer, on épuise plusieurs fois par l'alcool à chaud; l'extrait alcoolique fournit le sel sulfonique en lamelles blanches, brillantes. Le résidu apparemment insoluble dans l'alcool, dissous dans un peu d'eau chaude, filtré et évaporé jusqu'à formation d'une pellicule cristalline, donne après arrêt de l'ébullition une encore grande quantité de sulfonate.

Rendement moyen en *m*-nitrobenzol sulfonate : 70 0/0 de la théorie.

Préparation de l'o-nitrotoluolsulfonate de sodium. — Un mélange de 100 grammes d'*o*-nitrotoluol avec 300 grammes d'acide sulfurique ordinaire fumant est mis dans un ballon, lequel est introduit dans un bain de solution de chlorure de sodium saturée, maintenue à l'ébullition, pendant cinq heures. Après refroidissement, le contenu du ballon est versé dans 1 et demi à 2 litres d'eau et le traitement se poursuit comme il vient d'être expliqué pour le *m*-nitrobenzolsulfonate. Le rendement dépasse 90 0/0 de la quantité calculée en *o*-nitrotoluolsulfonate de sodium.

Les explications théoriques déjà données, de même que les procédés décrits pour la préparation des dérivés azoïques, montrent que, dans la réduction électrochimique des composés nitrés en solution alcaline, la formation définitive des dérivés hydrazo résulte essentiellement de la réduction des dérivés azoïques et non des azoxydérivés. Comme les dérivés azoïques ne sont réduits que lentement, il ne faut employer que des densités de courant relativement faibles, si l'on veut éviter un dégagement inutile d'hydrogène et une dépense inutile d'énergie ; c'est pourquoi, dès que la quantité d'électricité nécessaire pour la formation du composé azoïque a traversé l'électrolyseur, on réduit l'intensité du courant à la moitié de sa valeur et même moins. Les hydrazocomposés, dans lesquels les positions para par rapport aux groupes AzH sont libres, subissent plus ou moins facilement une transposition moléculaire, sous l'influence des acides forts, pour former une benzidine isomère.

d) DIAMINES ET AMINOPHÉNOLS

32. *p*-phénylènediamine en partant de la *p*-nitraniline :

$$C^6H^4(AzO^2)(AzH^2) + 6H = 2H^2O + C^6H^4(AzH^2)^2$$

Liquide anodique : solution de carbonate de sodium.

Liquide catodique : 20 grammes *p*-nitraniline ; 5 grammes acétate de sodium cristallisé ; 200 centimètres cubes alcool à 70 0/0.

D_c : elle peut atteindre au début jusqu'à 20 ampères par décimètre carré, mais doit décroître ensuite jusqu'à 2 ampères.

Il est inutile de faire passer une quantité d'électricité plus grande que celle qui est théoriquement nécessaire. Une fois la réaction terminée, le liquide catodique est versé, encore chaud, dans un mélange chaud de 50 centimètres cubes d'acide sulfurique concentré avec 400 centimètres cubes d'eau. Après refroidissement, le sulfate de paraphénylènediamine $C^6H^4\underset{(1-4)}{(AzH^2)^2}SO^4H^2$, précipité sous forme de lamelles presque incolores, est essoré, lavé à l'eau et séché à l'air libre. Le rendement du courant dépasse 90 0/0, et celui des éléments 80 0/0 de la théorie.

L'*o*-nitraniline, traitée de la même manière, fournit avec le même rendement l'*o*-phénylènediamine à l'état de sulfate très bien cristallisé :

$$C^6H^4\underset{(1.2)}{(AzH^2)^2}.SO^4H^2 + 1\frac{1}{2}H^2O.$$

33. Paraminophénol en partant du *p*-nitrophénol :

$$C_6H_4(AzO^2)(OH) + 6H = 2H^2O + C_6H_4(AzH^2)(OH)$$

Liquide anodique : solution de carbonate de sodium.

Liquide catodique : 20 grammes *p*-nitrophénol, 6 grammes soude caustique, dissous, en chauffant, dans 300 centimètres cubes d'eau.

D_c = 10 ampères par décimètre carré; elle doit être abaissée vers la fin de l'essai à 2 ampères.

Il faut faire passer une quantité d'électricité supérieure de 10 0/0 à la quantité théoriquement nécessaire. Lorsque la réduction est achevée, on acidule faiblement le liquide catodique chaud avec de l'acide sulfurique modérément étendu, puis on évapore à sec, épuise plusieurs fois le résidu avec de petites quantités d'alcool bouillant, qui sont rassemblées et abandonnées au refroidissement. Le sulfate de paraminophénol cristallise alors en aiguilles blanches plates. Rendement du courant : 90 0/0; rendement des éléments : 80 0/0.

L'*o*-aminophénol se prépare de même, en partant de l'orthonitrophénol : la solution catodique est, après réduction, exactement neutralisée avec de l'acide acétique qui donne lieu à la séparation d'un mélange d'aminophénol libre et de son acétate sous forme de lamelles scintillantes que l'on essore. Le filtrat est agité avec de l'éther, et le résidu que laisse celui-ci après distillation est ajouté aux premiers cristaux obtenus. On fait recristalliser le tout après dissolution dans l'eau bouillante en présence d'un peu de noir animal. Après une recristallisation par dissolution dans le benzol, l'*o*-aminophénol est complètement pur. Point de fusion : 172°.

Le rendement du courant est voisin de 90 0/0; celui des éléments dépasse 60 0/0.

La raison pour laquelle la *p*-nitraniline fournit par réduction la *p*-phénylènediamine, tandis que, dans les mêmes conditions, les dérivés de la *m*-nitraniline donnent des composés azoïques, est, comme cela a déjà été expliqué, que les dérivés para et ortho sont capables de donner naissance à des dérivés quinoniques, ce qui n'est pas le cas pour les métadérivés. Comme, pendant tout le cours de la réduction, il ne se présente aucun élément difficilement réductible, on peut employer une forte densité de courant; il faut seulement la réduire vers la fin de l'expérience, parce que la solution catodique s'appauvrit en éléments réductibles.

II. — RÉDUCTION ÉLECTROCHIMIQUE DES COMPOSÉS DU CARBONYLE

Bibliographie. — J. Tafel, *B.*, **32**, 3194; 3206* (1899); **33**, 2209-2224 (1900)*; *A.*, **301**, 302 (1899); *Z. ph. Ch.*, **34**, 187-228* (1900). — J. Tafel et Baillie, *B.*, **32**, 68-77 (1899). — J. Tafel et M. Stern, *B.*, **30**, 2224-2236 (1900). — J. H. James, *Journ. Americ. Chem. Soc.*, **21**, 889-910 (1900). — F. B. Ahrens et G. Meissner, *B.*, 30, 532 (1897). — E. Bandow et R. Wolffenstein, *B.*, **31**, 1577 (1898). — H. Kauffmann, *Z. Elch.*, **2**, 365; **4**, 461. — K. Elbs, *Z. Elch.*, **7**, 644*. — Chemische Fabrik auf Aktien, vorm. Schernig, brevets allemands 95623 et 96362. — E. Bandow et R. Wolffenstein, brevet allemand 94949. — E. Merck, brevets allemands 96363 et 115517; brevet allemand 113719*. — C. F. Boeringer et fils, brevet allemand 108577*.

Au contraire des dérivés nitrés, les composés du carbonyle sont, en général, difficilement réductibles; leur réduction se fait le mieux en employant des catodes de plomb pur, recouvertes d'une mince couche de plomb spongieux qui élève la tension à la catode. Cette tension est très fortement atténuée par la présence de petites quantités de métaux étrangers et, par suite, l'action réductrice est également très affaiblie. Les métaux habituellement usités se rangent ainsi par ordre d'influence décroissante : *Pt*, *Ag*, *Sn*, *Cu*, *Hg*, *Zn*, *Fe*; rien que des traces de platine exercent une action des plus nuisibles, tandis que des quantités notables de fer ralentissent bien sensiblement la marche de la réduction, mais ne l'arrêtent pas complètement.

La bonne marche de la réduction dépend donc essentiellement de l'absence complète des métaux lourds de la catode. L'électrolyte, même celui du compartiment anodique, ne doit pas renfermer d'autres métaux lourds que le plomb; les anodes et les catodes doivent être faites avec du plomb le plus pur possible et les conducteurs doivent être disposés de telle façon qu'aucune parcelle qui pourrait s'en détacher, ainsi que des vis de pression, ne puissent tomber dans l'électrolyseur. Les catodes nécessitent un traitement spécial. Elles sont frottées avec du sable mouillé, puis oxydées électrolytiquement dans un bain d'acide sulfurique à 20 0/0 (acide d'accumulateurs) avec une densité de courant de 2 ampères par décimètre carré pendant une demi-heure; elles sont alors rincées à l'eau froide, plongées pendant quelques minutes dans l'eau bouillante, arrosées d'alcool bouillant et rapidement séchées dans un courant d'air.

Dans cet état, les catodes peuvent se conserver sans se modifier. A part le nettoyage au sable, il est bon de répéter ce traitement après chaque emploi. Il est également utile de faire subir le même traitement aux anodes, mais une seule fois ; il suffit, après chaque essai, de laver les anodes à l'eau et de les sécher rapidement.

Les vases poreux peuvent être pénétrés de métaux étrangers, c'est pourquoi les vases poreux neufs doivent être lavés avec une lessive de soude étendue, puis avec de l'eau, après cela plongés pendant un ou deux jours dans de l'acide chlorhydrique de densité 1,02 à 1,03 et finalement lavés à l'eau pendant toute une semaine.

La réduction du groupe carbonyle peut se faire suivant trois degrés différents :

$$1^\circ \quad 2R''C = O + 2H = \begin{array}{l} R''C.OH. \\ \,| \\ R''C.OH \end{array}$$

$$2^\circ \quad R''C = O + 2H = R''CHOH.$$

$$3^\circ \quad R''C = O + 4H = R''CH^2 + H^2O.$$

Les deux premiers degrés de réduction ne représentent que des réactions d'addition, tandis que le troisième donne lieu à la séparation d'eau.

Une seule et même substance peut, selon les conditions de l'expérience, parcourir les trois degrés de la réduction ; mais souvent l'une des trois réactions est la seule ou, tout au moins, la principale qui se manifeste et se maintient aussi dans des conditions variables.

Avec les cétones se produisent généralement les réactions 1 et 2 (formation d'une pinacone dans le premier cas et d'un alcool secondaire dans le deuxième; par contre, la réaction 3 se fera de préférence avec les acides amidés, imidés et les dérivés de l'acide urique. Dans tous les cas, il est avantageux d'employer de fortes concentrations de courant.

34. Préparation de la phényl-*p*-tolylpinacone en partant de la phénylparatolylcétone :

$$2C^6H^5.CO.\underset{(1)}{C^6H^4}.\underset{(4)}{CH^3} + 2H = \begin{array}{l} \quad\;\; OH \\ C^6H^5.\underset{(1)}{C}.C^6H^4.\underset{(4)}{CH^3}. \\ \qquad\; | \\ C^6H^5.C.C^6H^4.\underset{(4)}{CH^3} \\ \qquad\; | \\ \quad\;\; OH \end{array}$$

L'électrolyseur est constitué par un becherglass dans lequel est un vase poreux servant de compartiment anodique.

Liquide anodique : acide sulfurique à 10 0/0.

Liquide catodique : 10 grammes phényl-*p*-tolylcétone ; 180 centimètres cubes d'alcool à 96 0/0 ; 20 centimètres cubes d'acide sulfurique à 10 0/0.
Anode : lame de plomb.
Catode : lame de plomb cylindrique perforée.
D_c = 2 ampères par décimètre carré.

Le bain est chauffé de sorte que le liquide catodique soit toujours en ébullition modérée. Le dégagement d'hydrogène, peu sensible au début, va en augmentant ; aussi faut-il faire passer, au lieu de 1,4 ampère-heure théoriquement nécessaire, environ 2 ampère-heures.

La réduction ne doit pas durer plus d'une demi-heure ; on filtre rapidement le liquide catodique bouillant et essore, après refroidissement, la pinacone qui s'est déposée. On en retire encore une certaine quantité de l'eau mère en réduisant celle-ci à demi-volume par distillation et laissant refroidir le résidu de la distillation.

Ces deux portions sont pures et fondent à 164°. Le rendement du courant est de 60 à 70 0/0. Celui des éléments est de 80 0/0.

35. Benzhydrol en partant de la benzophénone :

$$C^6H^5.CO.C^6H^5 + 2H = C^6H^5.CHOH.C^6H^5.$$

Même dispositif d'électrolyseur que dans l'essai précédent.
Liquide anodique : solution saturée à froid de carbonate de sodium.
Liquide catodique : 30 grammes benzophénone ; 500 centimètres cubes d'alcool à 96 0/0 ; 100 centimètres cubes d'eau ; 6 grammes d'acétate de sodium cristallisé.
D_c = 0,4 à 0,8 par décimètre carré.

Pendant la réduction, on maintient l'électrolyte à peu près à l'ébullition ; au début, il ne se dégage presque pas d'hydrogène ; mais, tout à fait vers la fin, le dégagement devient fort. Au lieu des 8,9 ampère-heures nécessaires, on fait passer 9,5 à 10 ampère-heures. L'expérience dure de quatre à six heures. Lorsqu'elle est terminée, on neutralise le liquide catodique par l'acide sulfurique, distille l'alcool. Il se sépare une matière huileuse qu'on lave à l'eau, ce qui produit sa solidification.

La masse cristalline est alors essorée, séchée complètement à l'exsiccateur et recristallisée une fois après dissolution dans l'éther de pétrole bouillant. Elle est alors complètement pure et se présente sous la forme d'aiguilles d'un blanc de neige fondant à 67-68°.

Rendement du courant : 80 à 90 0/0; rendement des éléments : 90 0/0.

Les cétones purement aromatiques, c'est-à-dire celles dont le groupe carboxyle est lié à deux restes aromatiques, réduites en solution modérément acide avec catode de plomb, fournissent les pinacones correspondantes à côté d'une petite quantité d'alcools secondaires; par contre, en solution faiblement alcaline, elles donnent naissance aux alcools secondaires avec d'excellents rendements. Les cétones de la série grasse et les cétones mixtes (homologues de l'acétone et de l'acétophénone) donnent, dans un cas comme dans l'autre, des mélanges de pinacones et d'alcools secondaires, dont la séparation est généralement difficile, à moins qu'elle ne soit aidée par certaines circonstances, comme par exemple la facilité avec laquelle cristallise l'hydrate de pinacone :

$$(CH^3)^2COH.COH(CH^3)^2 + 6H^2O.$$

36. Désoxycaféine en partant de la caféine :

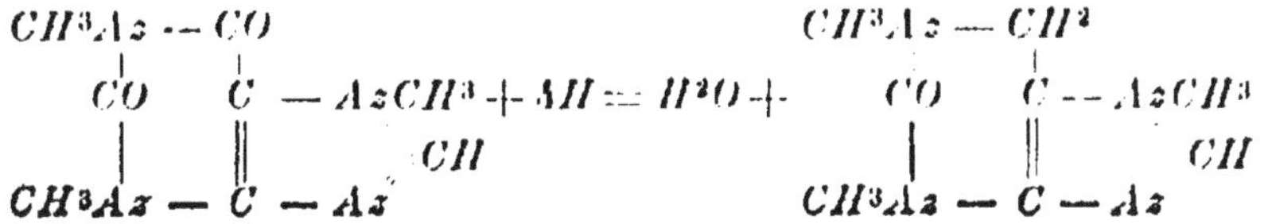

```
CH³Az — CO                               CH³Az — CH²
  |       |                                |       |
  CO      C — AzCH³ + 4H = H²O +           CO      C — AzCH³
  |       ||       CH                      |       ||       CH
CH³Az — C — Az                           CH³Az — C — Az
```

L'électrolyseur est disposé comme pour les exemples des numéros 34 et 35.

Liquide anodique : acide sulfurique à 50 0/0.

Liquide catodique : 10 grammes caféine ; 25 grammes acide sulfurique concentré, pur ; 25 grammes d'eau.

D_c = 2 à 4 ampères par décimètre carré. Faire passer environ 6 ampère-heures au lieu de 5 théoriquement nécessaires. Il faut refroidir extérieurement pour éviter que la température ne dépasse 18° dans le compartiment anodique.

On observe pendant toute la durée de l'expérience un faible dégagement d'hydrogène. Quand la réduction est terminée, on neutralise le liquide catodique avec de la chaux éteinte ; le dépôt de sulfate de calcium est séparé par filtration, et la liqueur filtrée est concentrée au bain-marie jusqu'à ce que son volume soit réduit à 30 à 40 centimètres cubes. Le liquide concentré est agité avec du chloroforme et la solution chloroformique évaporée laisse une masse cristalline jaunâtre comme résidu ; ce résidu est dissous dans l'acide chlorhydrique à 10 0/0 et la solution agitée avec du chloroforme pour en extraire la caféine (la caféine est une base plus faible que la désoxycaféine). A présent, la solution aqueuse est rendue alcaline et la désoxycaféine en est retirée par agitation avec le chloroforme ; elle cristallise par évaporation du dissolvant.

Les cristaux ainsi obtenus renferment une molécule d'eau et fondent à 118° ; séchés sur l'acide sulfurique, ils perdent leur eau de cristallisation et fondent alors à 148°. Quand on ne concentre pas la solution séparée du précipité de sulfate de calcium, l'extraction par agitation avec le chloroforme est plus longue, mais le rendement est un peu meilleur et la désoxycaféine cristallise plus facilement.

Rendement du courant . 5 à 80 0/0 ; rendement des éléments : environ 70 0/0 de la théorie.

La réduction de la caféine n'est qu'un exemple isolé d'un procédé général : dans des conditions d'expérience semblables, la théobromine et d'autres xanthines alkylées sont transformées par réduction en dihydroxypurpurines :

$$\begin{array}{l} R.Az - CO \\ \quad | \qquad\quad | \\ \;CO \quad C - Az.R + 4H = H^2O + \\ \quad | \qquad\; \| \qquad \rangle CH \\ R.Az - C - Az \end{array} \quad \begin{array}{l} R.Az - CH^2 \\ \quad | \qquad\quad | \\ \;CO \quad C - Az.R \\ \quad | \qquad\; \| \qquad \rangle CH \\ R.Az - C - Az \end{array}$$

La méthode est également applicable à la réduction de nombreux acides amidés ou imidés ; ainsi l'acétanilide donne l'éthylaniline :

$$C^6H^5AzHCOCH^3 + 4H = H^2O + C^6H^5AzHCH^2CH^3$$

et la succinimide, le pyrrolidon :

$$\begin{array}{l} CH^2 - CO \\ \;| \qquad\qquad \rangle AzH + 4H = H^2O + \\ CH^2 - CO \end{array} \begin{array}{l} CH^2 - CH^2 \\ \;| \qquad\qquad \rangle AzH. \\ CH^2 - CO \end{array}$$

C) — PROCÉDÉS ÉLECTROCHIMIQUES D'OXYDATION

37. Préparation de l'iodoforme :

$$CH^3.CH^2OH + 10I + H^2O = CHI^3 + CO^2 + 7HI.$$

BIBLIOGRAPHIE. — K. Elbs et A. Herz, *Z. Elch.*, **4**, 113-118*. — E. Foerster et W. Meves, *Z. Elch.*, **4**, 268-272*. — Chemische Fabrik auf Aktien vorm. Schernig, brevet allemand n° 29771*.

Dans un becherglass est placée comme anode une grande lame de platine, ou toile de platine, et, enveloppée dans du papier parchemin, une petite lame de platine servant de catode.

Électrolyte : 20 grammes carbonate de sodium anhydre ; 20 grammes iodure de potassium ; 200 centimètres cubes d'eau et 50 centimètres cubes d'alcool à 96 0/0.

D_A = 1 à 3 ampères par décimètre carré.

D_c = 4 à 8 ampères.

Pendant l'expérience, on chauffe l'électrolyte à 50-70° et fait passer un courant d'acide carbonique entre l'anode et la catode, qui neutralise à peu près l'alcali libre formé à la catode et produit en même temps une agitation suffisante. Il est facile de régler le courant d'acide carbonique d'après la couleur de l'électrolyte, qui doit varier du jaune pâle au jaune foncé ; s'il devient brun par suite de la présence d'iode libre, on interrompt pendant quelque temps le courant gazeux.

L'iodoforme formé est séparé par filtration après refroidissement, lavé à l'eau et séché à la température ambiante ; le filtrat est, après addition de nouvelles quantités d'iodure de potassium et d'alcool, encore utilisable pour la préparation de l'iodoforme, jusqu'à ce qu'il renferme beaucoup de carbonate de potassium et d'iodate.

Rendement du courant : environ 80 0/0.

L'équation de formation donnée ci-dessus n'est que le résumé des réactions qui se passent. Naturellement, l'acide iodhydrique se combine au carbonate de sodium en excès pour former de l'iodure de sodium avec dégagement d'acide carbonique, et l'iodure de sodium se trouve utilisé par suite de l'électrolyse avec formation d'iode à l'anode, qui rencontre l'alcali libre formé à la catode et le carbonate alcalin. Il se fait ainsi de l'hypoiodite et de l'acide hypoiodeux qui agit sur l'alcool comme oxydant et par substitution d'iode avec mise en liberté d'iodoforme et dégagement d'acide carbonique. Comme principal produit secondaire, prend naissance l'iodate alcalin provenant de ce qu'une certaine quantité d'hypoiodite n'a pas réagi sur l'alcool aussitôt après sa formation.

38. Paranitrobenzylalcool en partant du *p*-nitrotoluol :

Bibliographie. — Karl Elbs, *Z. Elch.*, 2, 522-523*.

Un becherglass reçoit une lame de plomb cylindrique comme catode et un vase poreux dans lequel est introduite une lame de platine aussi grande que possible, ou mieux une toile de platine, servant d'anode.

Liquide catodique : acide sulfurique de densité 1,6 à 1,7.

Liquide anodique : 15 grammes nitrotoluol dissous dans 80 grammes d'acide acétique cristallisable et mélangés avec 15 grammes d'acide sulfurique concentré et 7 grammes d'eau.

D_A : au plus 1,5 ampère par décimètre carré.

D_c : quelconque.

Pendant l'expérience, l'appareil est placé dans un bain d'eau bouillante; malgré la faible densité de courant, l'action oxydante à l'anode est imparfaite; il se dégage constamment de l'oxygène et il faut faire passer trois fois la quantité d'électricité théoriquement nécessaire; à la catode, le dégagement d'hydrogène est faible, par suite de la réduction de l'acide avec mise en liberté de soufre.

Le liquide anodique brun foncé est distillé dans un courant de vapeur; il passe, en dehors de l'acide acétique, le *p*-nitrotoluol qui n'a pas été attaqué, ainsi qu'un peu de nitrobenzylalcool, dont l'extraction n'offre pas d'intérêt. Le contenu du ballon chaud est versé sur un double filtre mouillé, la résine restant bouillie deux fois avec de l'eau et ces solutions jointes au filtrat primitif. Par refroidissement, le *p*-nitrobenzylalcool brut cristallise en longues aiguilles brun jaunâtre.

Par agitation avec de l'éther, on extrait de l'eau mère, en dehors du *p*-nitrobenzylalcool et d'un peu d'éther *p*-nitrobenzylacétique :

$$CH^3 . COO . CH^2C^6H^4AzO^2,$$

une petite quantité d'une substance difficilement soluble, l'éther du *p*-nitrobenzylalcool :

$$AzO^2C^6H^4CH^2 - O - CH^2 - C^6H^4AzO^2.$$

Par ébullition, avec un peu d'alcool, du résidu obtenu par distillation de l'éther, le *p*-nitrobenzylalcool et son éther acétique se dissolvent seuls. La purification du produit brut total réussit le mieux par recristallisation après dissolution dans l'eau bouillante avec addition du noir animal.

En moyenne, on obtient 40 0/0 de la quantité de *p*-nitrobenzylalcool calculée d'après le nitrotoluol employé avec un rendement du courant de 30 0/0.

La formation du *p*-nitrobenzylalcool par oxydation anodique du *p*-nitrotoluol est frappante, car elle conduit à un produit final au premier degré d'oxydation, tandis que tous les autres moyens d'oxydation connus conduisent à l'acide paranitrobenzoïque :

$$AzO^2C^6H^4CH^3 + 3O = H^2O + AzO^2 . C^6H^4 . CO^2H,$$

c'est-à-dire au troisième degré d'oxydation.

ÉQUIVALENTS ÉLECTROCHIMIQUES

ÉLÉMENTS	SYMBOLES	VALENCES	POIDS ATOMIQUES	ÉQUIVALENTS ÉLECTROCHIMIQUES en grammes par ampère-heure
Aluminium	*Al*	3	27,11	0,338
Antimoine	*Sb*	3	119,9	1,494
Argent	*Ag*	1	107,92	4,025
Arsenic	*As*	3	75,1	0,936
Azote	*Az*	3	14,04	0,175
Bismuth	*Bi*	3	208,9	1,948
Brome	*Br*	1	79,96	2,984
Cadmium	*Cd*	2	112,0	2,087
Calcium	*Ca*	2	40,01	0,746
Carbone	*C*	4	12,0	0,112
Chlore	*Cl*	1	35,46	1,322
Chrome	*Cr*	2	52,14	0,982
—	—	3	»	0,655
Cobalt	*Co*	2	59,6	1,097
—	—	3	»	0,732
Cuivre	*Cu*	1	63,6	2,362
—	—	2	»	1,184
Etain	*Sn*	2	119,1	2,221
—	—	4	»	1,112
Fer	*Fe*	2	56,02	1,045
—	—	3	»	0,696
Fluor	*Fl*	1	19,1	0,716
Hydrogène	*H*	1	1,008	0,0373
Iode	*I*	1	126,86	4,747
Lithium	*Li*	1	7,03	0,263
Magnésium	*Mg*	2	24,36	0,454
Manganèse	*Mn*	2	54,94	1,022
Mercure	*Hg*	1	200,3	7,47
—	—	2	»	3,735
Nickel	*Ni*	2	58,9	1,094
Or	*Au*	1	197,2	7,356
—	—	3	»	2,452
Oxygène	*O*	2	16,0	0,299
Phosphore	*P*	3	31,03	0,387
Platine	*Pt*	4	194,8	1,814
Plomb	*Pb*	2	206,91	3,852
—	—	4	»	1,926
Potassium	*K*	1	39,12	1,459
Silicium	*Si*	4	28,38	0,265
Sodium	*Na*	1	23,05	0,860
Soufre	*S*	2	32,06	0,598
Zinc	*Zn*	2	65,41	1,22

TABLE ALPHABÉTIQUE

Acétanilide, 102.
Adipique (éther diéthyl-), 59.
Acides organiques, 50.
Acide orthostannique, 43.
Acides amidés, 102.
— imidés, 102.
Agitateurs, 10.
Acrylique (éther éthyl-), 60.
Aminodiphénylamine, 71.
Aminophénol, 95.
Aminophénolsulfonique (acide), 65.
Ammonium (persulfate), 37.
Ampère-manomètre, 5.
Ampèremètre, 5.
Ampère-heures-mètre, 7.
Analyse des gaz, 23.
Aniline, 72.
Anodes, 11.
Azobenzoïque (acide), 84.
Azobenzol, 83.
Azotoluol, 84.
Azoxyanisol, 81.
Azoxybenzol, 81.
Azoxylol, 84.
Azoxyxylol, 79.

Bain électrolytique, 10.
Baryum (perchlorate), 36.
Benzhydrol, 99.
Benzidine, 88.
Benzidine (sulfate de), 89.
Benzidinesulfonique (acide), 91.
Benzophénone, 99.
Benzoylazoxydiphénylamine, 71.
Benzylidènephénylhydroxylamine, 76.
Bornes, 3.
Butane, 51.

Cadmium (hydrate d'oxyde), 43.
Caféine, 100.
Carbonyle (réduction des composés du), 96.
Catodes, 11.
Cétones, 98.
Chloronitrobenzol, 80.
Chrome (alun de), 17.
Chromique (acide), 17.
Chrome (sulfate de), 17.
Concentration de courant, 10.
Conducteurs, 2.
Cuivre (hydrates d'oxydes), 42.

Densité de courant, 10.
Désoxycaféine, 100.
Diamines, 94.
Diaminoazobenzol, 85.
Diaminoazoxybenzol, 86.
Diaminobenzidine, 89.
Diaminohydrazobenzol, 89.
Diaminoxyazobenzol, 86.
Diaphragmes, 14.
Dichlorazoxybenzol, 80.
Dihydroxypurpurine, 102.
Dispositifs d expériences, 16.

Électrodes, 11.
Électrodes (potentiel des), 9.
Électrolyseurs, 10.
Équivalents électrochimiques, 106.
Éthane, 55.
Éthylaniline, 102.
Éthylène, 57.
— (bromure d'), 57.

Fer (oxydule hydraté), 43.

Gaz tonnant (voltamètre à), 5.

Hydrazobenzol, 88.
Hydrazotoluol, 84.
Hydrazodérivés, 88.
Hypochlorites, 21.

Iodoforme, 102.

Mesures, 4.
— (appareils de), 4.

Nickel (fils de), 3.
Nitraniline, 85-94.
Nitranisol, 81.
Nitrobenzol, 72, 74, 76, 81, 83, 88.
Nitrobenzoïque (acide), 105.
Nitrobenzolsulfonique (acide), 91.
Nitrobenzoyldiphénylamine, 71.
Nitrobenzylique (alcool), 103.
— (éther), 104.
Nitrodiphénylamine, 71.
Nitrophénol, 95.
Nitrosobenzol, 63.
Nitrotoluol, 73.
Nitrotoluolsulfonique (acide), 92.
Nitroxylol, 79.

Phénylènediamine, 94.
— (sulfate de), 94.
Phénylhydroxylamine, 63.
Phényltolylcétone, 98.
Phényltolylpinacone, 98.
Pinacone (hydrate de), 100.
Plomb (bisulfate de), 44.
Polarisation, 8.
— (courant de), 9.
Pôles (papier chercheur de), 3.
Potassium (bromate), 29.
— (chlorate), 26.
— (iodate), 30.
— (perchlorate), 35.
— (persulfate), 40.

Quinonediimide, 68.
Quinonimidoxime, 69.

Réduction des composés nitrés, 61.
Résistances, 3.

Sodium (bromate), 29.
— (chlorate), 28.
— (iodate), 30.
— (trichloracétate), 58.
— (perchlorate), 36.
— (hypochlorite), 21.
— [acétate (électrolyse de l')], 55.
— [propionate (électrolyse du)], 57.
Sources de courant, 1.
Succinimide, 102.
Succinique (sel de K de l'éther éthylique de l'acide), 61.
Succinique (éther diéthylique de l'acide), 60.

Tension du bain, 8.
Tension catodique, 96.

Voltamètres, 5.
Voltmètre, 8.

Xanthines, 102.

Zinc (hydrate d'oxyde de), 43.

Tours, imprimerie Deslis Frères, 6, rue Gambetta.

TOURS, IMP. DESLIS FRÈRES.

www.ingramcontent.com/pod-product-compliance
Ingram Content Group UK Ltd.
Pitfield, Milton Keynes, MK11 3LW, UK
UKHW020347230726
13925UKWH00003B/1011

9 782013 541886